U0321914

高职高专院校咖啡师专业系列教材编写委员会

主任兼主审：

张岳恒　广东创新科技职业学院校长、管理学博士，二级教授，博士研究生导师，1993 年起享受国务院特殊津贴专家

副主任兼主编：

李灿佳　广东创新科技职业学院副校长、广东省咖啡行业协会筹备组长，曾任广州大学硕士研究生导师、广东省人民政府督学

委员：

谭宏业　广东创新科技职业学院经管系主任、教授

丘学鑫　香港福标精品咖啡学院院长、东莞市金卡比食品贸易有限公司董事长、国家职业咖啡师考评员、职业咖啡师专家组成员、SCAA 咖啡品质鉴定师、金杯大师、烘焙大师

吴永惠　（中国台湾）国家职业咖啡讲师、考评员，国际咖啡师实训指导导师，粤港澳拉花比赛评委，国际 WBC 广州赛区评委，IIAC 意大利咖啡品鉴师，国际 SCAA 烘焙大师，国际 SCAA IDP 讲师，东莞市咖啡师职业技能大赛评委。从事咖啡事业 30 年，广州可卡咖啡食品有限公司总经理

李伟慰　广东创新科技职业学院客座讲师、硕士研究生、广州市旅游商务职业学校旅游管理系教师、省咖啡师大赛评委、世界咖啡师大赛评委

李建忠　广东创新科技职业学院经管系讲师、高级咖啡师、省咖啡师考评员、东莞市咖啡师技术能手

周妙贤　广东创新科技职业学院经管系教师、高级咖啡师、2014 年广东省咖啡师比赛一等奖获得者、广东省咖啡师技术能手、省咖啡师考评员

张海波　广东创新科技职业学院经管系讲师、硕士研究生、高级咖啡师、省咖啡师考评员

逯　铮　广东创新科技职业学院经管系讲师、硕士研究生、高级咖啡师、省咖啡师考评员

李颖哲　广东创新科技职业学院讲师、硕士研究生、东莞市咖啡行业协会秘书

冯凤萍　广东创新科技职业学院经管系讲师、烹饪教研室主任、高级咖啡师、高级面点师

黄　瑜　广东创新科技职业学院经管系教师、高级咖啡师、高级面点师、高级公共营养师

高职高专院校咖啡师专业系列教材

Pastry and Snack in Cafe

咖啡馆点心与轻食

冯凤平　黄　瑜　周妙贤　编著

暨南大學出版社
JINAN UNIVERSITY PRESS

中国·广州

图书在版编目（CIP）数据

咖啡馆点心与轻食/冯凤平，黄瑜，周妙贤编著．—广州：暨南大学出版社，2016.11
（高职高专院校咖啡师专业系列教材）
ISBN 978－7－5668－1866－9

Ⅰ.①咖…　Ⅱ.①冯…②黄…③周…　Ⅲ.①西点—制作—高等职业教育—教材　Ⅳ.①TS213.2

中国版本图书馆 CIP 数据核字（2016）第 125164 号

咖啡馆点心与轻食
KAFEIGUAN DIANXIN YU QINGSHI
编著者：冯凤平　黄　瑜　周妙贤

出 版 人：徐义雄
策划编辑：潘雅琴
责任编辑：颜　彦
责任校对：郭海珊
责任印制：汤慧君　周一丹

出版发行：暨南大学出版社（510630）
电　　话：总编室（8620）85221601
营销部（8620）85225284　85228291　85228292（邮购）
传　　真：（8620）85221583（办公室）　85223774（营销部）
网　　址：http://www.jnupress.com　http://press.jnu.edu.cn
排　　版：广州良弓广告有限公司
印　　刷：深圳市新联美术印刷有限公司
开　　本：787mm×960mm　1/16
印　　张：11.25
字　　数：220 千
版　　次：2016 年 11 月第 1 版
印　　次：2016 年 11 月第 1 次
印　　数：1—3000 册
定　　价：43.50 元

总 序

改革开放以来，中国咖啡业进入了一个快速发展时期，成为中国经济发展的一个新的增长点。

今日的咖啡已经成为地球上仅次于石油的第二大交易品，咖啡在世界的每一个角落都得到了普及。伴随着世界的开放、经济的繁荣，中国咖啡业也得到迅速发展。星巴克（Starbucks）、咖世家（Costa）、麦咖啡（McCafe）、咖啡陪你（Caffebene）等众多世界连锁咖啡企业纷纷进驻中国的各大城市，北京、上海、广州、深圳、南京5座城市的咖啡店已达近万家，咖啡已成为人们生活中必不可少的饮品，咖啡文化愈演愈浓。

近十年来，咖啡行业在广东也得到迅猛的发展。广州咖啡馆的数量从最初的几十家发展到现在的一千四百多家，且还有上升的势头；具有一定规模的咖啡培训机构有数十家；咖啡供应商比比皆是；民间组织每年还不定期举办各类的咖啡讲座、展览会或技能比赛。享有“咖啡奥林匹克”美誉的世界百瑞斯塔（咖啡师）比赛（World Barista Championship，简称WBC）选择广州、东莞、深圳作为选拔赛区，旨在引领咖啡界的时尚潮流，推广咖啡文化，为专业咖啡师提供表演和竞技的舞台。

随着咖啡馆的不断增多，作为咖啡馆灵魂人物的“专业咖啡师”也日渐紧俏，咖啡馆、酒吧的老板们对高级专业咖啡师求贤若渴。但从市场的需求来看，咖啡师又处于紧缺的状态。据中国咖啡协会的资料显示，上海、广州、北京、成都等大中城市的咖啡师每年缺口约2万人。

顺应社会经济发展的需求，努力培养咖啡行业紧缺的咖啡师人才，是摆在高职高专院校面前的重要任务。为此，广东创新科技职业学院精心组织了著名的教育界专家、优秀的咖啡专业教师、资深的咖啡行业专家一起编写了这套“高职高专院校咖啡师专业系列教材”，目的是解决高职高专院校开设咖啡师专业的教材问题；为咖啡企业培训咖啡人才提供所需的教材；为在职的咖啡从业人员提升自我、学习咖啡师相关知识提供自学读本。

本系列教材强调以工作任务带动教学的理念，以工作过程为线索完成对相关知识的传授。编写中注重以学生为本，尊重学生学习理解知识的规律，从有利于学生参与整个学习过程，从在实践中学、在实践中掌握知识的角度出发，注意在学习过程中调动学生学习的积极性。

在本系列教材的编写过程中，编者尽力做到以就业为导向，以技能培养为核心，突出知识实用性与技能性相结合的原则，同时尽量遵循高职高专学生掌握技能的规律，让学生在学习过程中能够熟练掌握相关技能。

本系列教材全面覆盖了国家职业技能鉴定部门对考取高级咖啡师职业技能资格证书的知识体系要求，让学生通过自己的努力学习，能顺利考取高级咖啡师职业技能资格证书。

本系列教材在版式设计上力求生动实用，图文并茂。

本系列教材的编写得到了不少咖啡界资深人士的热情帮助，在此，一并表示衷心的感谢！

由于编者水平所限，书中难免有不足之处，敬望大家批评指正。

广东创新科技职业学院
高职高专院校咖啡师专业系列教材编写委员会
2016 年 4 月

前　言

在21世纪的中国，随着改革开放的深化，人们的物质文化水平不断提高，对于生活品质的要求越来越高，咖啡也在不知不觉中融入当代人的生活。在创业与实践的路上，不少人都怀揣着开一间咖啡馆的梦想。而在图书市场上，关于咖啡或咖啡馆的教材及参考书籍虽比比皆是，但专门针对咖啡馆的点心烘焙与轻食制作的教材却较为缺乏。为了顺应咖啡业的发展，满足高职高专学校开设咖啡烘焙等精品特色专业的教学需要，餐饮行业烘焙点心师对咖啡馆烘焙与轻食方面知识的需要，以及咖啡馆店长了解咖啡馆点心烘焙与轻食制作的需要，作者有针对性地编写了本教材。

本书注重理论与实践的结合，从咖啡馆点心烘焙与轻食制作的基本理论知识入手，以咖啡馆行业中的实际经营品种为依据，结合作者在咖啡馆烘焙与轻食实践工作中的经验，以及在教学和生产实践中的经验的基础上编写而成。

本书采用理论实践一体化的原则，以工作任务引领教学，将主要内容分为若干个模块与项目，以文字与图解相结合的形式展示知识，选择了具有代表性的品种进行传授。全书具有鲜明的针对性与时代特征，是咖啡馆点心烘焙和轻食制作教学与生产相结合的专业教科书，同时也适合从事咖啡馆点心烘焙与轻食制作工作的专业人士参考。

本书由冯凤平、黄瑜和周妙贤负责编写，其中冯凤平负责项目四、六、八；黄瑜负责项目三、五、十；周妙贤负责项目一、二、七、九。冯凤平负责全书统稿。

由于编写时间仓促，作者水平有限，书中难免存在疏漏和不足之处，敬请专家、同行和广大读者批评指正。

作者
2016年5月

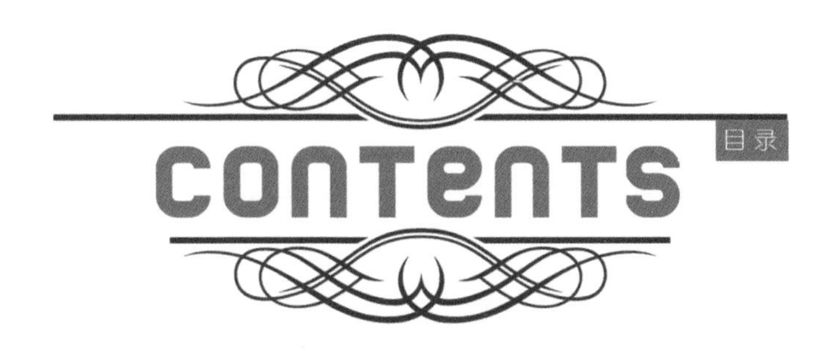

项目一

咖啡馆点心与轻食概述

咖啡馆点心与轻食概述

项目一

咖啡馆是人们聚会休闲、商务交流的场所，它遍布于世界各地的大中小城市。咖啡馆之所以吸引人前往，不仅在于它贩卖的咖啡，更在于它的品质和文化氛围。

现在越来越多的人喜欢去咖啡馆，如果在咖啡馆仅仅是品尝咖啡，会显得单调，并少了闲暇还有满足感。而如果咖啡馆里没有点心或轻食，客人想要在这里打发时间会非常困难，这便与咖啡馆希望通过延长客人的消费时间从而达到增加消费的目的相悖。如果咖啡馆只是主打饮料，则难以经营下去，这也是造成很多咖啡馆倒闭的原因之一。

走进大部分咖啡馆，都能看到冷藏柜里摆放着精致诱人的点心，菜单上有品种繁多的轻食，这是很多客人决定消费的重要原因。客人在享受美味的点心与轻食时，往往需要搭配饮品，咖啡就随之热卖。确实，点心、轻食与咖啡，往往相得益彰。点心或轻食是咖啡不可缺少的伴侣之一，同时也是调节气氛、制造饮品环境的好帮手。不难发现，有很多连锁的咖啡馆，都会售卖轻食类，如炸鸡、炸薯条等可口速食品。轻食为那些在品尝咖啡的同时希望搭配简易、不用花太多时间就能吃饱的客人提供了选择。咖啡馆如果缺少懂得制作点心的师傅，就会使咖啡馆的出品受到局限。通过对本书内容的学习，咖啡馆里的点心设计及制作高手会多起来，咖啡馆的食品品种也会多起来，客人就能根据自己的喜好选择可口的点心、轻食和咖啡。

适合咖啡馆的点心，一般都较偏向甜品类，因为咖啡本身风味带苦，搭配甜品能够中和咖啡的苦味，同时，甜品的甜腻也能被咖啡冲淡些。而对于部分不喜甜食的顾客来说，轻食无疑提供了一个很好的选择。充饥、使人全身心放松可说是轻食的原始概念，三明治是最佳代表。这几年来因为健康风吹起，生菜色拉最早登上了健康轻食食谱的菜单，低糖、低脂、低盐更被奉为准则。日本的甜甜圈登台引爆排队风、亚尼克果子店红透半边天，都反映出甜品的受欢迎程度。以提供甜点为主的咖啡店愈开愈多，中国台湾紧跟日本的脚步，以甜点为主角的轻食风开始蔓延。

本书中将介绍四大类点心的制作，即塔派类、蛋糕类、饼干类和独特的咖啡类。

塔派类点心

塔派类点心属于英式茶点，一般表面都附有水果，搭配香甜的卡夫特酱汁，充满麦香原味的酥脆质感，鲜嫩可口的水果，营养丰富。以各种各样的水果搭配蛋糕、巧克力等的塔派类点心，是下午茶中必不可少的一道甜点。它味道鲜美，色彩缤纷，不失为一道极为美丽而迷人的风景线。这样的点心摆放在咖啡馆的点心柜里，一定能吸引顾客的眼球。

蛋糕类点心

蛋糕是一种古老的西点，一般是用烤箱制作的。这种海绵状的点心以鸡蛋、白糖、小麦粉为主要原料，以牛奶、果汁、奶粉、香粉、色拉油、水、起酥油、泡打粉为辅料，经过搅拌、调制、烘烤后制成。蛋糕也是咖啡馆里的主角，有点心的咖啡馆绝不会少了蛋糕。现在人们在蛋糕口味的选择上比较挑剔，喜欢巧克力、抹茶、芝士等口味的富有香气的蛋糕，因此，咖啡馆在选择点心品种时，应该多考虑顾客的需求，不断推出新口味的蛋糕，给顾客新鲜的感受。

饼干类点心

饼干是一种常见的点心，既可作为零食，又可作为添加饮食，一般是以面粉、糖、油脂为主要原料，加入疏松剂与其他辅料，经成型烘烤制成的。饼干类点心外观表面平整，断面有层次，口感酥香松脆。由于含水量低，饼干的储存期限比较长，方便携带，所以成为很多咖啡馆堂食或外带的热门产品。

咖啡类点心

咖啡类点心，就是将咖啡融入蛋糕、饼干这些点心当中制成的。对于咖啡有强烈爱好的人，会很喜欢点心里的咖啡香味，因为吃着一块咖啡类点心，就像在品尝着一杯美味的咖啡，让人回味无穷。在制作咖啡类点心时，最好用新鲜的浓缩咖啡，它带来的口感绝对会让人食指大动。

另外，本书还将介绍三大类轻食的制作，即三明治类、沙拉类、其他类。

三明治类轻食

三明治是英文“sandwich”的音译。三明治一般以2～3片面包夹肉、芝士、蔬菜和各种调味酱制作而成，制法简单，营养丰富。三明治没有固定的搭配，它可以根据人们的用餐习惯、市场流行的口味和形状、人们的消费水平、季节的变化等进行设计。

沙拉类轻食

在西餐中一般作为前菜出现，常见的是用蔬菜、水果做基底，搭配肉类、坚果并用酱汁拌匀。其原料选择范围很广，各种蔬菜、水果、海鲜、禽蛋、肉类等均可用于沙拉的制作，但要求原料新鲜细嫩，符合卫生要求。沙拉大多具有色泽鲜艳、外形美观、鲜嫩爽口、解腻开胃的特点。对于中国人来说，沙拉是西餐中较为家常的一种菜式，很多人会在家庭餐桌上拌一道沙拉。由于它既开胃又可以摄入多种蔬果，很受欢迎。如今越来越多人追求健康的饮食方式，沙拉就是一款很健康的美食，餐饮市场上纷纷出现以沙拉为主要产品的餐厅，前往的客人也络绎不绝。沙拉的制作方法相对简单，可以作为咖啡馆或者西餐厅的主推轻食。本书主要介绍几款经典的沙拉，丰富咖啡馆的轻食菜谱。

其他类轻食

一般指餐饮店中方便、简单的食物，如鸡米花、薯条、披萨等轻食。它既满足了顾客的口腹之欲，同时也丰富了顾客的选择，是咖啡馆中的人气美食。

项目二
常用工具与材料介绍

常用工具与材料介绍

项目二

任务一　了解各种常用工具

学习点心与轻食制作，首先得学会使用各种工具。烘焙中要用到很多工具，如果不了解这些工具的用途，会对点心制作工作造成一些障碍。在很多情况下，制作不同的点心，需要不同的模具或工具，因此，工具的准备对烘焙者或者咖啡店来说是一笔不小的开支。而对于工具，不仅要懂得如何使用，还要知道如何保养，只有这样，才能算是一个真正的烘焙者。

一、计量工具

计量工具是做点心必不可少的工具。用于制作糕点的各种材料都有不同的特定作用，例如“膨胀作用”“保湿作用”等，如果材料的比例有误差，完成后的效果就大不相同了。所以切实遵守做法中标示的分量，是制作糕点的重要法则。

分量的单位标识如果是克（g），就要使用磅秤工具来测量；分量的单位标识若是毫升（ml 或 cc），就要用量杯来测量。虽然量少时也可使用量勺，但原则上称量时最好还是养成使用磅秤或量杯的习惯。下表中列出的为常用的计量工具：

序号	工具名称	工具图示	说明
1	电子秤		电子秤测量精度高，可以精确到1g。使用后，一定要清洗干净载物盘，防止油脂类物质对电子秤精确度造成影响

（续上表）

序号	工具名称	工具图示	说明
2	量杯		量杯通常用于量取液体的体积，量杯上标有毫升数刻度，单位一般为 ml 或者 cc
3	量勺		量勺通常用来量取少量材料，一套标准的量勺通常配有四只大小不同的量勺。西方的食谱说明中也常会用到量勺，使用量勺便捷，但是精确度会比电子秤低

二、粉、液加工工具

烘焙常用的粉、液加工工具有以下几种：

序号	工具名称	工具图示	说明
1	搅拌碗		用于搅打粉浆、蛋液等混合材料。一般需准备 4～5 个口径为 10～30cm 的碗。搅拌碗常见的材质有塑料、不锈钢、玻璃等。此外，用于混合沸水或冰块等材料的容器，宜选择耐温度变化的碗，如铝合金或不锈钢碗
2	手动打蛋器		打蛋器用于搅拌蛋液或鲜奶油，或把固体牛油打散使其融化。它分为手动打蛋器和电动打蛋器两种类型。手动打蛋器比电动打蛋器费力，但不会打出过多泡沫。手动打蛋器网越大、钢丝越密，越容易打出泡沫

（续上表）

序号	工具名称	工具图示	说明
3	多功能搅拌机		多功能搅拌机是综合打蛋、和面、拌馅等功能为一体的食品加工机械，在桌面使用的小型台式搅拌机又称作电动打蛋器。搅拌机一般带有圆底搅拌桶和三个不同形状的搅拌头，网状搅拌头用于打发鸡蛋、鲜奶油等低黏度物料；掌（桨）状搅拌头用于搅拌油脂、酥性面团等中黏度物料；勾状搅拌头用于搅和筋性面团等高黏度物料
4	刮板		刮板按材质分为塑料刮板和金属刮板，无刃，有长方形、梯形、圆弧形等形状。主要用于分隔面坯、协助面团调制、抹平膏浆表面、清理案板等。一些特殊的齿状刮板还可以用于装饰蛋糕表面等
5	橡胶刮刀		橡胶刮刀适用于翻拌面糊。为防止面糊起泡或起筋，很多情况下，不能用搅拌机搅拌面糊。橡胶刮刀柔软的橡胶刀体让蛋糕面糊更易搅拌，并且能够有效地刮除粘在料理盆壁上的面糊
6	擀面杖		擀面杖是面点制作时不可缺少的工具，多为木制，结实耐用，表面光滑，常用于擀制面皮、开酥等
7	面粉筛		用于过筛面粉或者其他粉类原料。面粉过筛不但可以除去面粉内的小面粉颗粒，而且可以让面粉更加膨松，有利于搅拌。如果原料里有可可粉、泡打粉、小苏打等其他粉类，和面粉一起混合过筛，有助于让它们混合得更均匀。另外，小粉筛还可用于点心装饰，如撒巧克力粉、抹茶粉、糖粉等

三、加热工具

烘焙常用的加热工具有以下几种：

序号	工具名称	工具图示	说明
1	烤箱		烤炉又称烘箱、烤箱、焗炉，是指用热空气烹调食品的一种装置，烤箱根据热源可分为电热式烤箱和燃气式烤箱两种。电热式烤箱比较常用。电热式烤箱亦称远红外电烤箱，炉的内、外壁采用硬质铝合金钢板，保温层采用硅石填充，以远红外涂层电热管为加热组件，上下层按不同功率排布，并装有炉内热风强制循环装置，使炉膛内各处温度基本均匀一致。目前使用的电烤箱多为隔层式结构，各层烤室彼此独立，每层的底火和面火分别控制，可实现多个品种同时进行烘焙
2	电磁炉		电磁炉为暗火加热设备，因此，在咖啡馆的厨房环境更为适用。它由两个配套的不锈钢盆组成，在底盆放热水，上盆中放食材，制作慕斯或融化巧克力时会用到
3	食品专用火枪		食品专用火枪可用于在点心表面迅速上焦糖色，或加热模具，使糕点与模具脱离
4	温度计		一些点心在制作时需准确控制温度，此时温度计能很好地派上用场

四、造型工具

烘焙常用的造型工具有以下几种：

序号	工具名称	工具图示	说明
1	刷子		刷子可用于在模具中刷黄油，也可以用于在烤制的蛋糕和面包表面刷蛋液以达到上色的目的。应选择不容易掉毛的毛刷，现在还有硅胶刷子，用起来更加便捷卫生
2	裱花袋和裱花嘴		裱花袋和裱花嘴在挤奶油和面糊、做曲奇和泡芙，以及蛋糕裱花中常用到，裱花嘴有不同的形状直径，建议买一套裱花嘴更换使用。裱花袋有塑料质地的、一次性使用的，咖啡馆可以根据自身情况选择使用
3	蛋糕抹刀		蛋糕抹刀一般由不锈钢制成，无刃，长条形，主要在制作裱花蛋糕时使用，用于在蛋糕上抹平奶油
4	蛋糕转台		蛋糕转台是制作裱花蛋糕时必备的工具。将蛋糕置于转台上可以方便奶油的抹平及裱花的进行
5	烤盘垫纸（锡纸）		烤盘垫纸用来垫于烤盘上防粘。当然，在烤盘上刷油，也可以达到防粘的效果，但是使用油纸，可免去清洗烤盘的烦恼。锡纸一般用于包裹食物，防止水分流失，在烘烤过程中加盖锡纸，可以防止食物表面颜色过深

（续上表）

序号	工具名称	工具图示	说明
6	蛋糕模		蛋糕模的材质多为金属，形状、尺寸多样，其中6寸、8寸、10寸的圆形蛋糕模最为常用。为方便脱模，建议选用活底模，即底部与模具四周分离的蛋糕模
7	布丁模、小蛋糕模		用于制作各种布丁、小蛋糕等，可以根据品种具体需要来选购
8	派、塔模		制作派、塔类点心的必备工具。派、塔模规格很多，有不同的尺寸、深浅、花边，可以根据需要选购
9	慕斯圈		慕斯圈的材质多为不锈钢，规格一般为6～10寸。模具边缘刻有等分刻度，方便切出相同大小的慕斯切件
10	吐司模		吐司模又称吐司盒，是制作吐司、方包的必备模具

（续上表）

序号	工具名称	工具图示	说明
11	软胶模		软胶模既耐高温也耐低温，可以直接放进烤箱，也能放进冷冻室。为使食品烤完不粘在模具上，烤前要在模具内抹上一层黄油
12	一次性蛋糕杯		用于制作玛芬蛋糕、杯子蛋糕，市面上有很多的尺寸和花色可供选择，可根据个人喜好来购买
13	刀具		粗锯齿刀用来切吐司，细锯齿刀用来切蛋糕，小抹刀用来涂馅料和果酱，水果刀用来处理各种水果，根据不同的用途选择不同的刀具
14	切模		同一个切模可以切出统一规格的面片。除了图中的圆形切模外，市面上还有其他形状可供选择

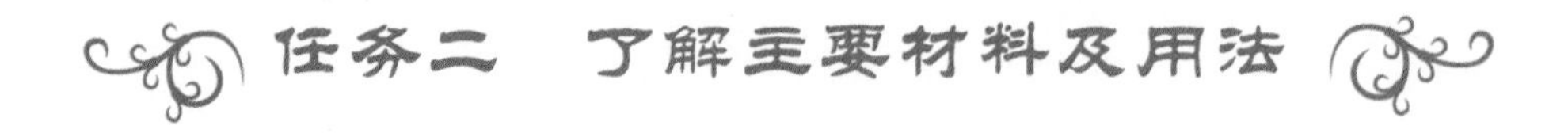

任务二　了解主要材料及用法

一、面粉

（一）面粉的组成

面粉由小麦磨制而成，是面点制作的主要原料之一。面粉的化学成分不仅决定其营养价值，而且对面点制品的加工工艺也有很大的影响。面粉的化学成分主要有碳水化合物、蛋白质、脂肪、矿物质、水分和少量的维生素、酶类等。

碳水化合物是面粉中含量最高的化学成分，占面粉总重的73%～75%，主要包括淀粉、糊精、纤维素和游离糖。淀粉是面粉中最主要的碳水化合物，占面粉总重的67%左右，其中直链淀粉占19%～26%，支链淀粉占74%～81%。

面粉中的蛋白质不仅决定面粉的营养价值，而且是构造面粉工艺性能、赋予面团许多独特因素的主要成分。面粉中的蛋白质由麦胶蛋白、麦谷蛋白、麦清蛋白、麦球蛋白构成，占面粉总重的10%～14%。其中，麦胶蛋白和麦谷蛋白主要存在于胚乳中，占面粉中蛋白质总量的80%，它们极易吸水，遇水胀润成软胶状物质——面筋，因而成为面筋蛋白质。

面粉中的矿物质主要来自小麦麸皮，不同种类的面粉，矿物质含量不同。矿物质含量越高，说明面粉中混入的麸皮越多，精度越低。

面粉中所含的酶，主要有淀粉酶、蛋白酶、脂肪酶，这三种酶对于面粉的贮存和面点制品的发酵、烘焙都有很大的影响。

面粉中还含有少量的维生素和13%左右的水分。面粉中的维生素含量同面粉的种类有关，因维生素主要集中在糊粉层和胚芽部分，出粉率高的面粉，其维生素含量高于出粉率低的面粉。

（二）常用的面粉种类

1. 高筋面粉

高筋面粉，小麦面粉蛋白质含量为11.5%～15%，湿面筋含量在35%以上，面筋质较多，因此筋性强，多用于制作制作面包、披萨饼底等。

2. 中筋面粉

中筋面粉，又称通用面粉，是介于高筋面粉和低筋面粉之间的一种具有中等筋力的面粉。小麦面粉蛋白质含量为9%～11%，湿面筋含量为25%～35%，多用于制作中式点心的馒头、包子、水饺以及部分西饼。

3. 低筋面粉

低筋面粉，小麦面粉蛋白质含量为7%～9%，湿面筋含量在25%以下，蛋白质含量低，面筋质也较少，因此筋性较弱，多用于制作蛋糕、饼干、塔派等松软、酥脆的糕点。

4. 蛋糕专用粉

蛋糕专用粉，由低筋面粉经过氯气处理制成，此步骤使原来低筋面粉之酸价降低，利于蛋糕之组织和结构。

5. **玉米淀粉**

玉米淀粉，又称粟粉，溶于水加热至65℃时即开始膨化产生胶凝特性，多数用在派馅的胶冻原料或奶油布丁馅中。还可在蛋糕的配方中加入，适当降低面粉的筋度等。

知识链接

如何区分各种筋度的面粉

一般情况下，面粉根据面筋含量可分为高、中、低筋面粉，那么如何区分这些不同筋度的面粉呢?

高筋面粉由硬麦磨制而成，颜色偏黄，用手搓捏略感粗糙，抓一把面粉用力捏紧再松开，较容易崩散。

低筋面粉由软麦磨制而成，颜色偏白，用手搓捏质感比较细腻，用力捏一把面粉，然后松开手指，面粉在手心保持团块状。

中筋面粉由高筋面粉和低筋面粉混合而成，其色泽、手感介于高筋面粉和低筋面粉之间，捏成小块松手后粉块似散非散。

二、 油脂类

（一）常用的油脂种类

1. **黄油**

黄油，用牛奶加工出来的产品，是把新鲜牛奶加以搅拌之后，将上层的浓稠状物体滤去部分水分之后的产物。主要用作调味品，营养丰富但含脂量很高。黄油分为无盐和含盐两种，在点心制作中，主要是用无盐黄油，因为点心大部分是甜的。

2. **白油**

白油，俗称化学猪油或氢化油，系油脂经油厂加工脱臭脱色后再予不同程度之氢化形成的固体白色产物，多数用于酥饼的制作或代替猪油使用。

3. **酥油**

酥油的种类甚多，最好的酥油应属于次级的无水奶油，最普遍使用的酥油则是加工酥油，是利用氢化白油添加黄色素和奶油香料制成的，其颜色和香味近似真正酥油，可适用于任何一种烘焙产品。酥油加入面团后，面团的延展性得到提高，能吸入或保持更多的空气，使制出的食品疏松、柔软。

4. **植物油**

面点中常用的植物油有菜籽油、花生油、大豆油、橄榄油、色拉油等。其中色拉油是植物油经过脱酸、脱杂、脱磷、脱色、脱臭五道工艺之后制成的食用油，其特点是色泽澄清透亮，气味清淡，加热时不变色，无泡沫，少油烟。色拉油广泛应用于戚风蛋糕、海绵蛋糕中。

（二）油脂在点心制作中的功能

（1）改善面团的物理性质，使点心具有松、软、酥、细、嫩、滑等口感。
（2）使点心体积膨大、松化。
（3）使面团或面糊外表有光泽。
（4）防粘。

三、糖类

（一）常用糖的种类

点心中常用的糖有以下几类：

1. **粗砂糖**

粗砂糖，属于白砂糖的一种，颗粒较粗，可用于制作面包和西饼类或撒在饼干表面。

2. **细砂糖**

细砂糖，又称幼砂糖，属于白砂糖的一种，其颗粒较小，溶解较快，在点心中运用最为普遍，例如戚风蛋糕等。

3. **糖粉**

糖粉，一般在糖霜或奶油霜饰和含水较少的品种中使用。

4. **红糖**

红糖含有浓郁的糖浆和蜂蜜的香味，多用在颜色较深或香味较浓的烘焙产品中。

（二）糖在点心制作中的功能

（1）增加制品甜味，提高营养价值。

（2）美化表皮颜色，使蛋糕在烘烤过程中表面变成褐色并散发出香味。

（3）作为酵母发酵的主要能量来源，适量的糖有助于酵母的繁殖和发酵，促进面团的发酵。

（4）保持水分，延缓老化，具有防腐作用。

四、鸡蛋

鸡蛋是蛋糕制作的重要材料之一，在蛋糕和面包中含量最多，在蛋糕中的分量占 1/3 ~ 1/2。鸡蛋在点心制作中的功能包括以下几点：

1. **黏结、凝固作用**

鸡蛋含有丰富的蛋白质，这些蛋白质在搅拌过程中能捕集到大量的空气而形成泡沫状，与面粉的面筋形成复杂的网状结构，从而构成蛋糕的基本组织，同时蛋白质受热凝固，使蛋糕的组织结构稳定。

2. **膨发作用**

已打发的蛋液内含有大量的空气，这些空气在烘烤时受热膨胀，增加了蛋糕的体积，同时蛋白质分布于整个面糊中，起到保护气体的作用。

3. **柔软作用**

蛋黄中含有较丰富的油脂和卵磷脂，而卵磷脂是一种天然的乳化剂。经搅拌，它能使油、水和其他原料均匀地融合在一起，促进点心组织细腻、质地柔软、疏松可口。

此外，鸡蛋对蛋糕的颜色、香味以及营养等方面也有重要的作用。

五、膨化剂

烘焙产品，无论是软质的面包、蛋糕，还是硬质的饼干，内部都充满无数的气孔，这就是烘焙过程中产生膨胀现象的结果。若需使产品膨胀，可适量使用膨化剂，常见的膨化剂有酵母、小苏打、泡打粉等。

（一）膨化剂的种类

1. 酵母

（1）酵母的种类。面点中使用的酵母主要有鲜酵母（压榨酵母）、干酵母（即发活性干酵母）。

鲜酵母是大型工厂普遍采用的一种用于面包面团发酵的膨化剂。使用前先用水溶解，然后投入面粉中，适用于所有种类的面包。鲜酵母对温度和空气比较敏感，开封使用后要密封好放进冰箱冷藏。鲜酵母在0℃～4℃条件下可存放45天，高温下容易变质。

干酵母由鲜酵母脱水而成，呈颗粒状，颗粒较小，发酵能力强，产品一般抽真空包装，保质期可达2年。与鲜酵母相比，它具有保质期长、不需低温保存、运输和使用方便等优点。使用时不需先水化而可直接与面粉混合加水制成发酵面团，在短时间内发酵完毕即可加工成成品，在餐饮企业、食品工业和家庭制作中广泛使用。

（2）酵母的使用量。酵母的使用量与酵母的种类、活性、发酵力有关。除此之外，还与发酵方法、配方、温度等有重要关系。鲜酵母和干酵母的用量换算关系为鲜酵母∶干酵母＝3∶1。

2. 小苏打

小苏打，学名碳酸氢钠，是化学膨化剂的其中一种，碱性，受热分解时能够释放二氧化碳，容易使食品带有碱味，目前很少在食品制作中单独使用。

3. 臭粉

臭粉，学名为碳酸氢铵，是一种白色结晶粉末，有氨臭味，加热不稳定，其作用机理与小苏打相同。分解温度低，约为35℃，在约60℃环境中即分解完毕，分解后产生的气体量大，上冲力强，极易使制品膨松。但由于臭粉分解温度低，膨胀速度快，易使制品组织不均匀、粗糙，并带有刺激性的氨气味，影响成品品质和风味，故使用时一般与小苏打混合使用。

4. **泡打粉**

泡打粉，又名发酵粉，主要由小苏打、磷酸氢钙、酒石酸、淀粉等组成，是根据酸碱中和反应的原理配制而成的。同样能够产生大量二氧化碳，使点心组织均匀，质地细腻，无大孔洞，风味纯正。广泛使用在各式蛋糕、西饼的制作中。

（二）膨化剂在点心制作中的功能

膨化剂的功能有以下三点：

（1）增加体积。

（2）使体积结构松软。

（3）使组织内部气孔均匀。

六、乳制品

1. **牛奶**

制作面团时，加入牛奶可增加湿润度并带来良好的风味，选用全脂牛奶风味效果更好。

2. **动物性淡奶油**

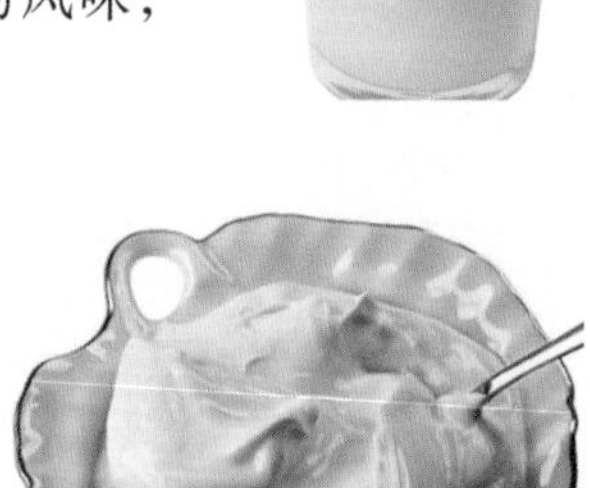

动物性淡奶油，是从牛奶中提取的脂肪，打发成浆状之后可以在蛋糕上裱花，也可以加在咖啡、冰淇淋、水果、点心上，甚至直接食用。它奶味浓重，口感顺滑，但易融化，不易于使用。未开封时，可常温保存，开封后应尽量将盒中空气挤出，增加保存期限。

3. **植物性鲜奶油**

植物性鲜奶油又称植脂奶油、人造鲜奶油。它是人工合成的奶油，价格便宜，容易造型，本身含糖，打发时无须加糖，需冷冻保存。

4. **奶油芝士**

奶油芝士，国内又称奶油乳酪，是一种未成熟的全脂芝士。它色泽洁白，质地细腻，口感微酸，非常适合用来制作芝士蛋糕。奶油芝士开封后非常容易变质，所以要尽早食用。

5. **烘焙专用奶粉**

烘焙专用奶粉结合了全脂奶粉和脱脂奶粉的特点，具有全脂奶粉的香浓和脱脂奶粉的稳定，并具有独特的风味。其体积小，耐保存，使用方便。

6. **炼乳**

炼乳是一种牛奶制品，用鲜牛奶或羊奶经过消毒浓缩制成，它的特点是可贮存较长时间。将其加入点心当中，可提升奶香味。

七、其他类

1. **可可粉**

可可粉，是制作巧克力蛋糕等品种的常用原料，具有浓烈的可可香气，可使食物口味更好，也可以筛在表面作为装饰。

2. **巧克力**

巧克力，常作烘焙产品的装饰之用，可增添产品的口感，分为黑巧克力和白巧克力。使用时，选择可可含量高的巧克力，香味更为浓郁。常用于黑森林蛋糕、慕斯等点心的制作。

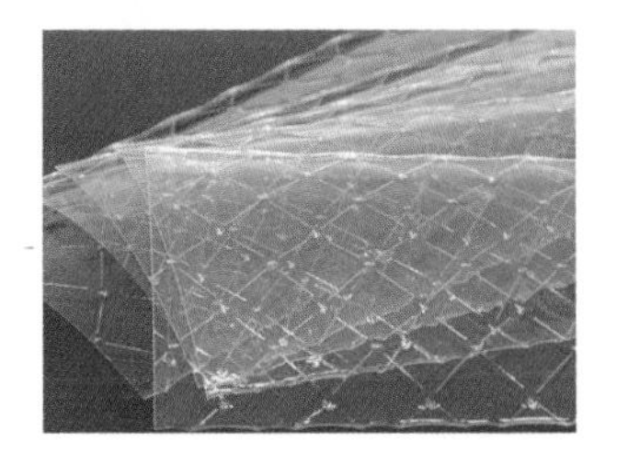

3. **吉利丁**

吉利丁又称明胶或鱼胶，片状的吉利丁又叫吉利丁片，粉状的吉利丁又叫吉利丁粉。吉利丁片或吉利丁粉广泛用于慕斯蛋糕、果冻的制作，主要起稳定结构的作用。

4. **杏仁粉**

杏仁粉是杏仁制品的一种，由杏仁研磨加工而来。杏仁粉可增加食品的风味以及酥感。

5. **抹茶粉**

抹茶粉，是采用天然石磨碾磨成微粉状的蒸青绿茶，用于为食品调色并增加食品的风味。抹茶口味的点心，都是加入抹茶粉制成的；墨绿色的点心类，也大部分是加入抹茶粉做成的，别具日式风味。

6. **蜂蜜**

蜂蜜可用于蛋糕或小西饼以增加产品的风味和色泽。

项目三

塔派类点心

塔派类点心

项目三

任务一　缤纷水果塔

一、点心介绍

水果塔（mixed fruit tart）为英式茶点，具有充满麦香原味的酥脆质感，水果鲜嫩可口，营养价值丰富。各种各样的水果塔配着蛋糕、巧克力等甜点，是下午茶必不可少的一部分。其味道鲜美，色彩缤纷，是一道极为美丽而迷人的甜点。

二、课前学习

认识“塔”与“派”的区别。

三、 加工方法

缤纷水果塔的加工方法为烤、冻。

四、 材料准备

香草卡士达酱材料：

牛奶………………166ml
细砂糖…………… 40g
玉米淀粉………… 13g
蛋黄……………… 40g
香草荚………… 半根
黄油……………… 6g

塔皮材料：

黄油………………55g
糖粉………………35g
香草荚………… 半根
全蛋液……………20g
杏仁粉……………10g
中筋面粉…………80g
盐………………… 1g

杏仁奶油酱材料：

黄油………………40g
糖粉………………50g
杏仁粉……………50g
全蛋液……………40g
淡奶油……………50g
朗姆酒…………2.5ml

镜面果胶材料：

吉利丁粉………… 3g
白砂糖…………… 20g
水………………… 20g

水果馅心材料：

7～8 种当季水果

五、 做法

香草卡士达酱的做法：

（1）将香草荚横切，取其籽，与牛奶混合，用小火稍煮，盖上盖子焖至过夜。

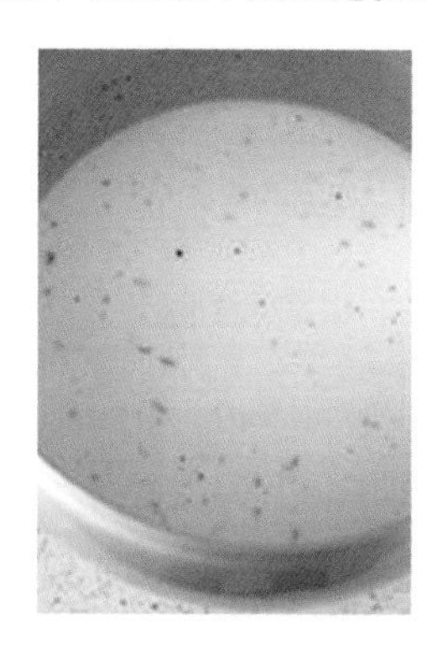

（2）蛋黄加细砂糖打至颜色稍白。

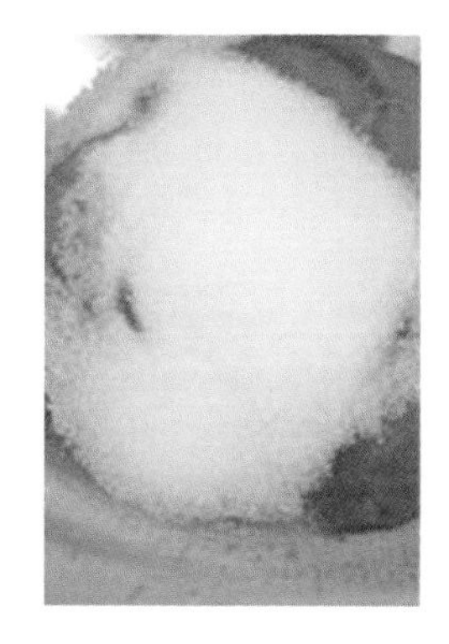

（3）加入玉米淀粉混合均匀。

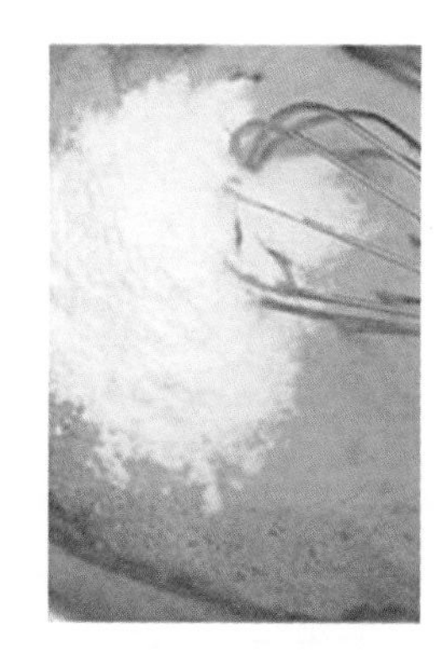

（4）小火煮沸香草牛奶，慢慢倒入蛋黄中，边倒边不停搅拌。

（5）过滤回锅中，用小火煮至浓稠。

（6）加入黄油拌匀，盖上锅盖晾凉备用。

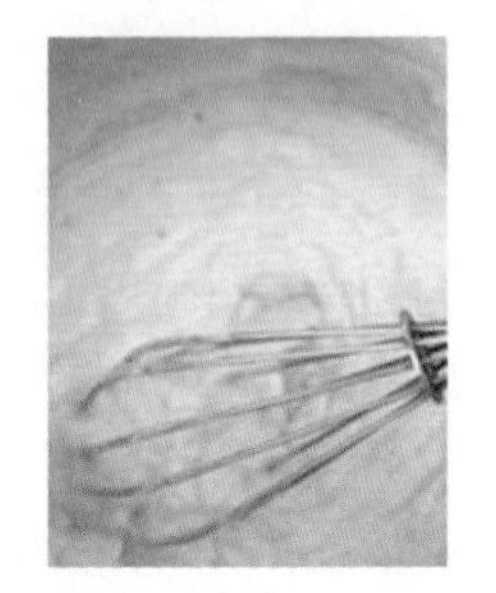

塔皮的做法：

（1）黄油室温软化，加入糖粉混合均匀。

（2）分次加入全蛋液搅拌均匀。

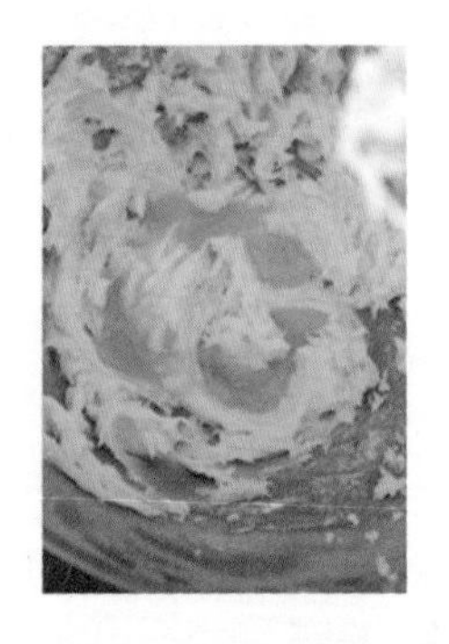

（3）筛入中筋面粉，加入杏仁粉拌和，加入香草籽混合。

（4）叠压成团，包裹保鲜膜，放入冰箱冷藏2小时以上。

（5）取出，在案板上撒少许手粉，将面团擀成0.2cm厚的圆形。

（6）放模具中整形，切除多余的面皮，表面扎小孔，放冰箱冷藏30分钟定型。

杏仁奶油酱及其组合的做法：

（1）黄油软化，加入一半的杏仁粉和糖粉混合均匀。

（2）分 3～4 次加入全蛋液拌匀，每次都要充分混合均匀再加下一次。

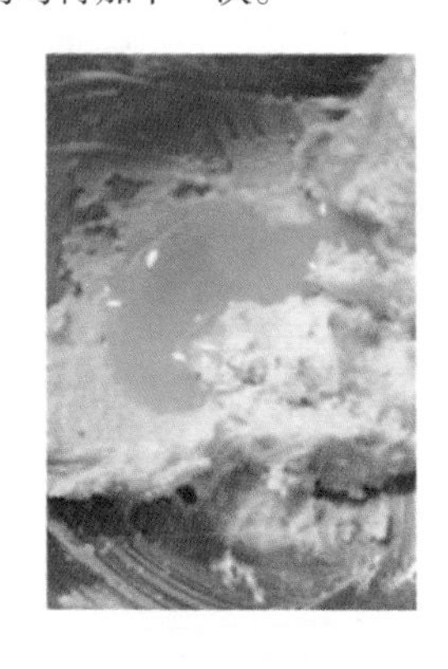

（3）加入剩余的杏仁粉和糖粉拌匀。

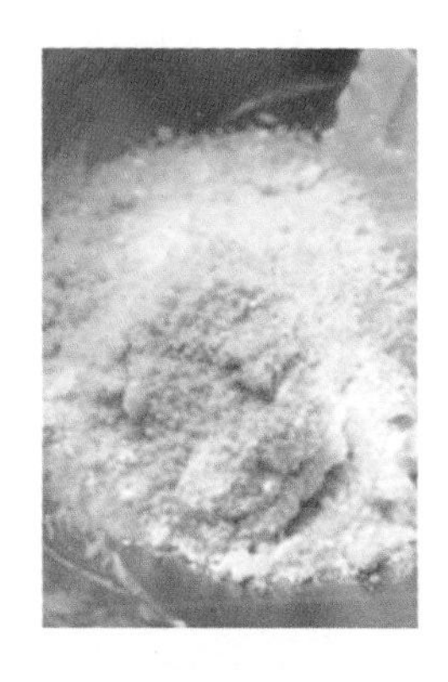

（4）倒入淡奶油混合均匀。

（5）放入冰箱冷藏 30 分钟。

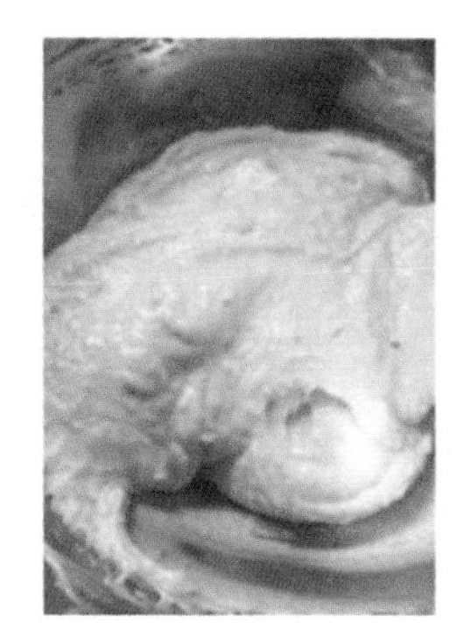

（6）将冷藏好的杏仁奶油酱装入裱花袋中，在裱花袋上剪个 1cm 的小口，将杏仁奶油酱以螺旋状挤在塔皮上面。

（7）烤箱预热 180℃，烤35 分钟左右，至表面均匀上色后取出，脱模放网架上晾凉。

（8）将香草卡士达酱也放入裱花袋中，挤在杏仁塔表面。

（9）最后摆些当季水果装饰，抹上镜面果胶。

六、注意事项

（1）热牛奶与蛋黄混合时要不停地搅拌，避免蛋黄成熟形成蛋花。

（2）卡士达酱最好是现用现做，尽量不要长时间冷藏，冷藏保存期在 12 小时以内，超过 12 小时的卡士达酱会渐渐丧失本身的风味。

任务二　柠檬布丁派

一、点心介绍

柠檬布丁派是法国著名的甜点，上层蛋白霜的甜美轻盈，中层柠檬馅料的酸味，下层派皮的酥脆，再搭配上咖啡的香醇，总能让人情不自禁地闭上眼睛仔细品味一番。它那独有的又酸又甜的滋味一如暗恋，让人只能于暗中默默关注却难诉衷肠，酸、涩、苦、甜都一一独自品尝，可回忆起来也不失为一抹明亮的色彩。

二、课前学习

如何避免蛋白霜出水？

三、加工方法

柠檬布丁派的加工方法是烤。

四、材料准备

派皮材料：

黄油………………115g
水 …………………20g
低筋面粉…………240g
盐……………………2g
糖粉…………………7g

蛋白霜材料：

蛋清…………………70g
糖粉……………… 100g

内馅材料：

黄油…………………15g
盐…………………… 1g
蛋黄…………………55g
柠檬汁………………90g
柠檬皮………………20g
玉米淀粉……………30g
水…………………130ml
糖粉……………… 100g

五、做法

蛋白霜的做法：

将蛋清与糖粉混合搅拌至干性发泡，成为蛋白霜，备用。

内馅的做法：

（1）将蛋黄与 30ml 水搅拌均匀。

（2）将玉米淀粉过筛后加入步骤（1）成品，搅拌均匀成糊，备用。

（3）将剩余 100ml 水、糖粉和盐混合后煮至沸腾。

（4）将步骤（3）成品加入步骤（2）成品中，再加入柠檬皮和柠檬汁，边煮边搅拌至混合均匀，备用。

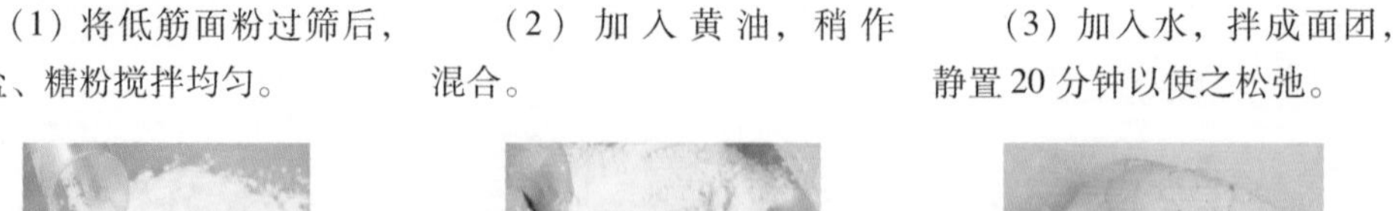

整体的做法：

（1）将低筋面粉过筛后，和盐、糖粉搅拌均匀。

（2）加入黄油，稍作混合。

（3）加入水，拌成面团，静置 20 分钟以使之松弛。

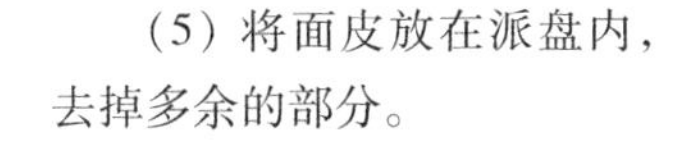

（4）将面团擀开成 4mm 厚的面皮。

（5）将面皮放在派盘内，去掉多余的部分。

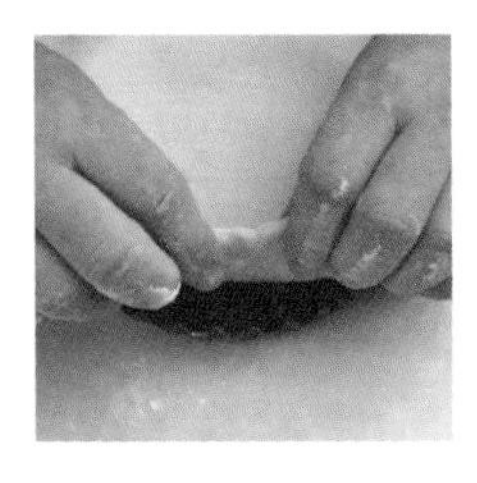

（6）将其稍作修整，在底部用叉子打上小孔。

（7）剪一张圆纸铺在派皮上，在上面放杏仁碎，而后端派盘入炉以上下火 185℃ 或上下火 190℃/180℃ 烘烤大约 20 分钟。

（8）出炉冷却后，将杏仁碎取出，将前面制好的馅料倒入派皮中，整平，放入冰箱冷冻至馅料凝固后取出。

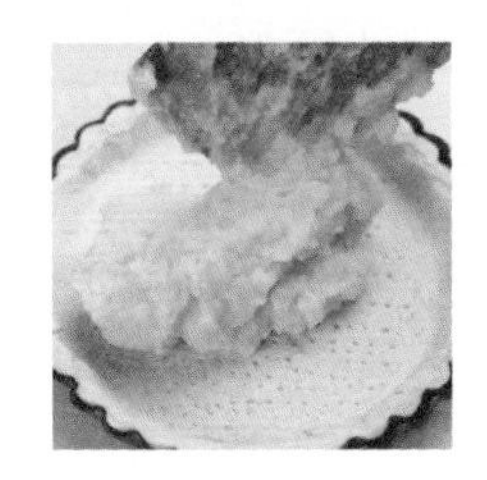

（9）在派的表面抹前面制好的蛋白霜。

（10）用汤勺在派的表面拍出波浪的效果。

（11）入炉以上下火 260℃/150℃ 或上下火 200℃ 置于上层烘烤约 2 分钟，至表面有些焦化即可出炉，冷却脱模。

六、注意事项

（1）搅拌面团时不要搅拌过度使筋度太强。搅拌完需静置足够长的时间以发酵好，形成松弛的效果。

（2）擀压面皮的时候，不要将面皮擀压得太厚。派皮的底部需要打一些小孔，以防止烤的时候起泡，不平整。

知识链接

打发蛋清的技巧

打发蛋清是点心制作过程中常用的一道工序，如制作塔派类、蛋糕类点心时常需要打发蛋清，蛋清是否打发到位，决定了成品的成败。以下将介绍打发蛋清的技巧：

1. 准备阶段

（1）材料的准备。需要打发的蛋清必须取自新鲜鸡蛋，不新鲜的蛋清容易塌陷，较难打发。冰鸡蛋较易分离蛋黄、蛋清，而室温的鸡蛋较容易打发，蛋清放至室温打出的蛋白霜体积最理想。分离蛋黄、蛋清时，蛋清液中切忌沾到蛋黄。

（2）容器的准备。打发蛋清前必须确保所用工具和容器无水无油，因为水分会稀释蛋清，使蛋泡无法附着在打蛋器上，而油脂对蛋白质有乳化作用，使其难以打发。不宜选择铝制的容器打发蛋清，因为铝会与蛋白质发生化学反应，使蛋白霜变灰。

2. 打发阶段

蛋清的打发程度分为起粗泡、成细泡、湿性发泡、中性发泡、干性发泡五种，不同的点心品种对打发程度有不同的要求，如古典巧克力蛋糕所用蛋清需打至湿性发泡，黑森林蛋糕所用蛋清则需打至干性发泡。打发过程中宜采用分次加糖的方法，因为若一次性加入糖，会妨碍蛋清的起泡，以下为打发蛋清（以干性发泡为例）的步骤：

（1）使用电动打蛋器，从低速至中速开始搅打，蛋清起粗泡时加入 1/3 的白砂糖继续搅打。

图 1　起粗泡状态

知识链接

（2）蛋泡变细腻、颜色变白，蛋清变浓稠时，再加入 1/3 的白砂糖。

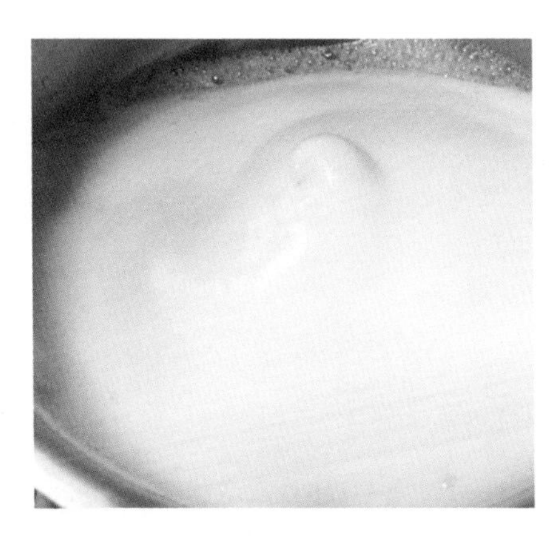

图 2　成细泡状态

（3）继续搅打至蛋白霜能呈现纹路时，加入最后 1/3 的白砂糖，继续搅打一两分钟，蛋白开始呈现光泽奶油状，提起打蛋器后，蛋白霜呈小三角形，尖角自然下垂，此时即为湿性发泡（也称为软性发泡）的状态。

图 3　湿性发泡状态

知识链接

（4）之后继续搅打 3 分钟左右，蛋白霜纹路开始挺立，提起打蛋器能拉出一个短小的尖角，但尖角头部仍可弯曲，此时即为中性发泡（也称九成发）状态。

图 4　中性发泡状态

（5）接着以低速搅打 1 分钟，提起打蛋器会出现短小直立的尖角，此时即为干性发泡（也称硬性发泡、十分发）的状态。

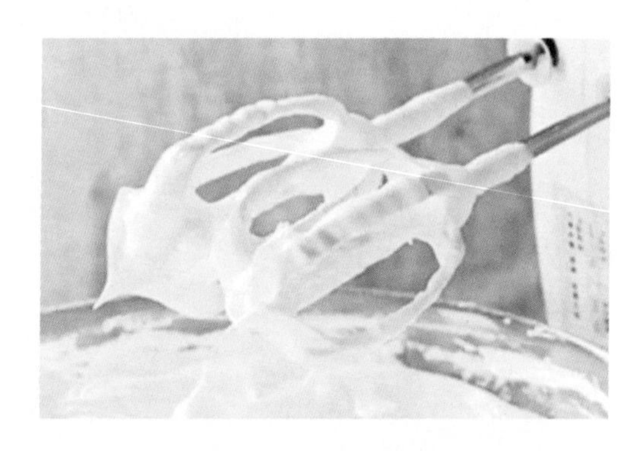

图 5　干性发泡状态

3. **保存阶段**

打发好的蛋白霜在使用之前，可送入冰箱冷藏，有助于保持蛋泡的稳定，但注意应尽快使用，不宜存放超过 5 分钟，否则会消泡，蛋白霜消泡后是不可以重新打发的。

任务三　苹果派

一、点心介绍

苹果派（apple pie）是一种起源于欧洲的食品，不过如今它称得上是一种典型的美式食品。苹果派有着各式不同的形状、大小和口味。形状包括自由式、标准两层式等。按口味区分包括焦糖苹果派、法国苹果派、面包屑苹果派、酸奶油苹果派等。苹果派制作简单方便，所需的原料价格便宜，是美国人生活中常见的一种甜点。

二、课前学习

为什么苹果派的内馅要加肉桂粉和豆蔻粉？

三、加工方法

苹果派的加工方法是烤。

四、材料准备

派皮材料：

黄油 ………………… 170g
水 …………………… 80ml
低筋面粉 ………… 360g
盐 …………………… 2g
白砂糖……………… 10g

内馅材料：

苹果 ………………… 3个
玉米淀粉…………… 10g
水 ………………… 60ml
黄油………………… 15g
蛋黄………………… 20g
糖粉 ……………… 100g
柠檬汁……………… 30g
肉桂粉 ……………… 2g
豆蔻粉 ……………… 2g

五、做法

内馅的做法：

（1）将苹果果肉切碎备用。

（2）将黄油放入盆中，加热融化。

（3）加入苹果碎、糖粉、柠檬汁、30ml水，翻炒苹果碎使其吸收水分。

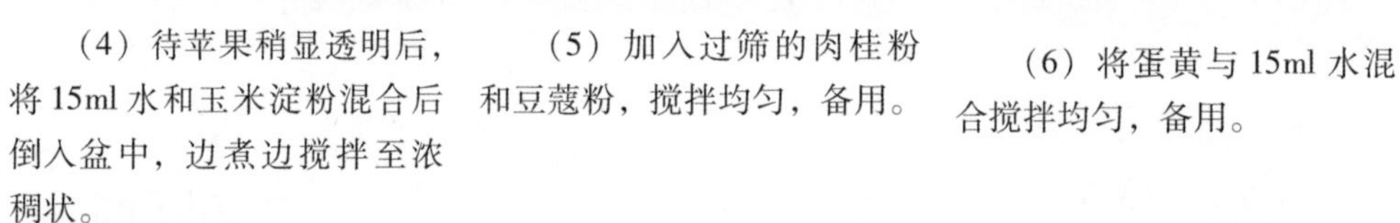

（4）待苹果稍显透明后，将15ml水和玉米淀粉混合后倒入盆中，边煮边搅拌至浓稠状。

（5）加入过筛的肉桂粉和豆蔻粉，搅拌均匀，备用。

（6）将蛋黄与15ml水混合搅拌均匀，备用。

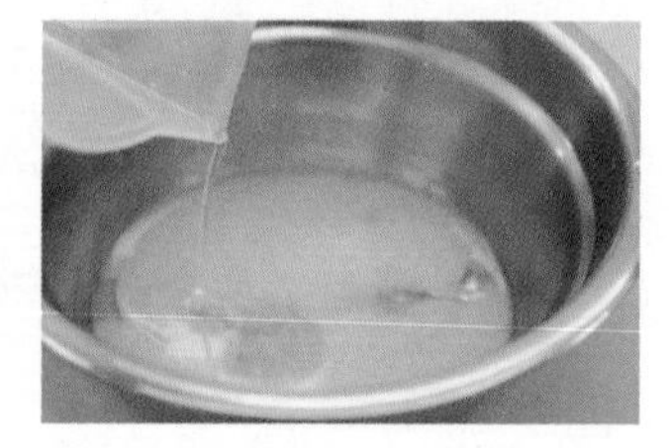

整体做法：

（1）先将低筋面粉过筛，再和盐、白砂糖搅拌均匀。

（2）将黄油加入，搅拌成颗粒状。

（3）加入水，以压拌的方式拌成面团，静置松弛20分钟。

（4）将面团擀开成 4mm 厚的面皮。

（5）将面皮放在派盘内，去除多余部分。

（6）修整面皮，打上小孔。

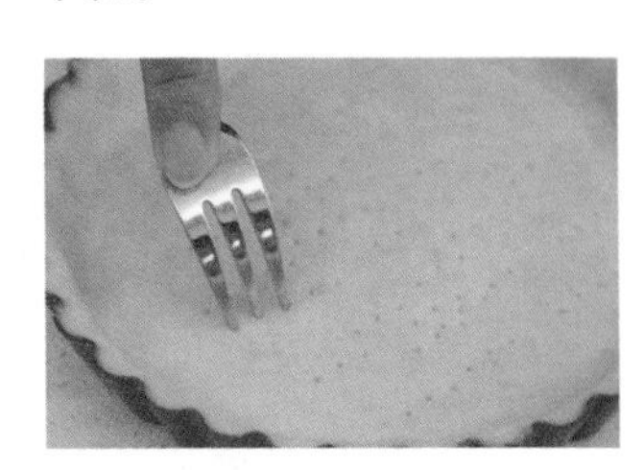

（7）倒入馅料并抹平。

（8）将剩余的面皮擀开成 3mm 厚，中央压出一个花形孔。

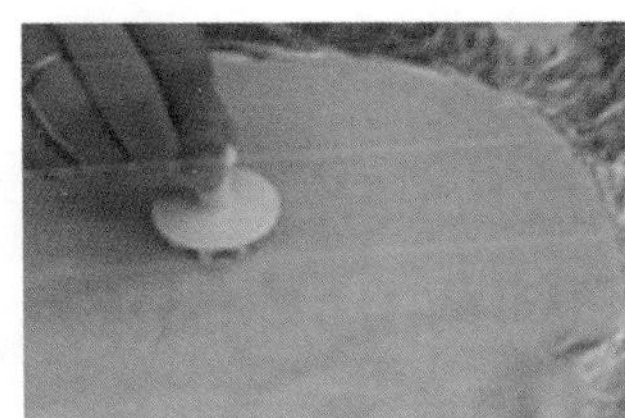

（9）用压模压出四个规整的图案，刷上蛋黄液，粘在花形孔四周。

（10）将带孔面皮放在馅料上面，表面刷上蛋黄液，入炉以上下火 185℃烤至表面金黄即可出炉，冷却脱模。

六、 注意事项

（1）苹果容易褐变，因此在切好之后不宜在空气中暴露太久。

（2）拌面团的时候，不要搅拌过度，以防起筋。

任务四　法式芝士培根派

一、点心介绍

法式芝士培根派是一道咸点，可以当正餐吃，也可以当成下午茶点心。它酥脆的外皮裹着香浓的拉丝芝士和鲜香的培根，外松脆，内鲜香。

二、课前学习

制作派类时为什么要在派皮底部打孔？

三、加工方法

法式芝士培根派的加工方法是烤。

四、材料准备

派皮材料：

低筋面粉…………200g
蛋黄……………… 20g
黄油………………100g
盐……………………3g
水…………………45ml

馅心材料：

鸡蛋…………………50g
芝士粉………………30g
牛奶………………200ml
鲜奶油…………… 100g
培根……………… 100g
蘑菇……………… 50g
红甜椒……………半个
马苏里拉芝士…… 30g
盐……………………适量
胡椒粉……………适量

五、做法

（1）将所有派皮材料拌匀，揉成面团，静置 10 分钟，备用。

（2）预热烤箱，调至上下火 200℃。

（3）将静置好的面团拿出放在干净的案板上，用擀面杖擀平，铺入圆模内，用抹刀压抹模具的边缘。

（4）将多余的面皮压除，再用手轻轻压面皮使之贴紧模具，打孔后送入预热好的烤箱中，烘烤约 6 分钟后取出。

（5）在烤派皮的同时，准备蛋液，将牛奶、鸡蛋、芝士粉、鲜奶油混合均匀，过筛即可。

（6）将培根、红甜椒、蘑菇切丁，放入平底锅翻炒至快熟，加入胡椒粉、盐调味，备用。

（7）取适量馅料填入烤好的派皮中，再倒入混合好的蛋液至八分满。

（8）接着撒上马苏里拉芝士，送入烤箱，上下火 185℃烤 12 ~ 15 分钟即可。

六、注意事项

（1）这种派除了用大的圆形派盘来制作，还可以用小椭圆模做，烤完后样子小巧可爱。

（2）刚烤好的派不要马上就切块，静置片刻后再切不容易变形。

任务五　法式巧克力芝士塔

一、点心介绍

法式甜品代表着甜美和爱情，其中加入了浪漫动人的元素，琳琅满目的法式甜品闪耀着精致诱人的光彩，让人不禁心向往之。在巧克力芝士塔中，象征浪漫爱情的巧克力与散发浓浓乳香的芝士相结合，配上一杯 espresso，香甜中的苦涩就像青涩的爱情一样令人回味。

二、课前学习

了解巧克力的来源与种类。

三、加工方法

法式巧克力芝士塔的加工方法是烤、冻。

四、材料准备

巧克力塔皮材料：

低筋面粉……… 100g
黄油………………60g
鸡蛋………………20g
细砂糖……………40g
可可粉…………… 5g

芝士馅材料：

奶油芝士………125g
淡奶油………… 30g
糖粉…………… 10g

巧克力奶油材料：

黑巧克力……………100g
淡奶油………………140g

五、做法

巧克力塔皮的做法：

（1）黄油软化以后，加入细砂糖打发至蓬松。

（2）加入打散的鸡蛋继续打发，一直打发到蓬松轻盈的状态。

（3）将低筋面粉和可可粉混合后筛入黄油里。

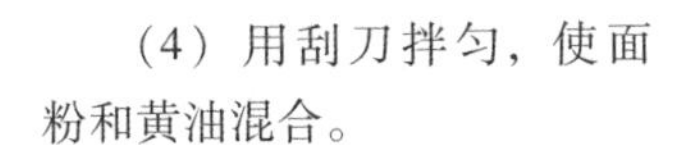

（4）用刮刀拌匀，使面粉和黄油混合。

（5）使面粉和黄油完全拌匀，成为湿润的面团。如果面糊太湿润粘手，可放入冰箱冷藏片刻直到面团变得硬一些。

（6）每个塔模里放入15g左右面团。

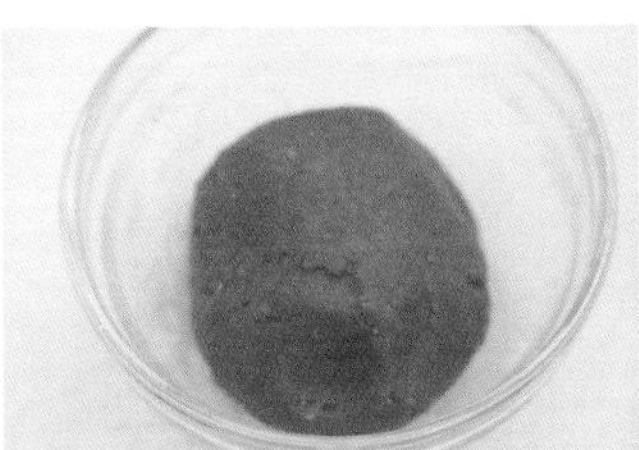

（7）用手将面团捏开，贴合塔模的形状。

（8）将捏好的塔模放入烤盘里，静置15分钟。然后放入预热好上下火190℃的烤箱里，烤15分钟左右出炉，冷却脱模备用。

馅心的做法：

（1）将黑巧克力切块，和80g淡奶油一起倒入奶锅里，用小火加热。

（2）边加热边搅拌，直到黑巧克力完全融化，成为液态的巧克力奶油混合物。关火并冷却到室温，使巧克力混合物变得浓稠。

（3）巧克力混合物完全冷却并变得浓稠以后，将剩下的60g淡奶油倒入干净的碗里，打发至出现纹路的程度。

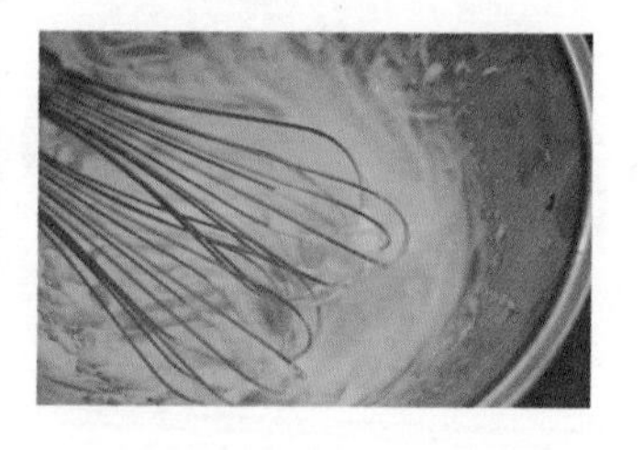

（4）将巧克力混合物与打发的淡奶油混合，用刮刀拌匀。

（5）完全拌匀后，巧克力奶油完成。观察巧克力奶油的浓稠度，如果比较稀，则将其放入冰箱冷藏直到变得足够浓稠，使花纹能够成型。

（6）制作芝士馅。提前将奶油芝士恢复至室温。将回温的奶油芝士用打蛋器搅打至顺滑，加入糖粉和淡奶油，继续搅打均匀，即成芝士馅。

整体的做法：

（1）将芝士馅装入裱花袋，在裱花袋前端剪一个小孔，在烤好的塔皮里挤入芝士馅。

（2）将巧克力奶油装入裱花袋，用小号的星形花嘴在挤好芝士馅的塔表面挤满巧克力奶油，巧克力芝士塔就组装完成了。

六、注意事项

（1）淡奶油不要打发过度，只要打发至企身即可。

（2）巧克力塔皮因为本身颜色较深，烤的时候不容易通过颜色判断是否烤好。如果烤好的塔皮冷却后发软，说明烘烤程度不够，需要重新放入烤箱再烤几分钟。具体烘烤时间根据实际情况酌情调整。

任务六 葡式蛋挞

一、点心介绍

葡式蛋挞，又称葡式奶油挞、焦糖玛奇朵蛋挞，港澳及广东地区称葡挞，是一种小型的奶油酥皮馅饼，属于蛋挞的一种，焦黑的表面（糖过度受热后形成的焦糖）为其特征。1989 年，英国人安德鲁·史斗将葡挞带到澳门，改用英式奶黄馅并减少糖的用量后，慕名而至者众，并成为澳门著名小吃。

二、课前学习

对比葡挞与蛋挞的区别。

三、加工方法

葡式蛋挞的加工方法是烤。

四、材料准备

挞皮材料：

低筋面粉………………220g
高筋面粉……………… 30g
细砂糖 ……………………5g
盐…………………………1. 5g
黄油……………………… 40g
水…………………… 125ml
片状黄油………………180g

葡挞水材料：

牛奶………………………100ml
淡奶油……………………200g
细砂糖 …………………… 80g
蛋黄………………………100g

五、做法

（1）将高筋面粉、低筋面粉、细砂糖、盐混合。

（2）加入 40g 室温软化的黄油。

（3）加入水，水不要一次全部倒入，根据面团的软硬度酌情添加。

（4）揉成光滑面团。

（5）将面团包好保鲜膜，放入冰箱冷藏松弛20分钟。

（6）将180g片状黄油在室温下稍微软化后切成小片放入保鲜袋。

（7）用擀面杖把黄油压成厚薄均匀的一大片薄片。如黄油轻微软化，放入冰箱冷藏至重新变硬。

（8）面团松弛好后取出，擀成长方形。

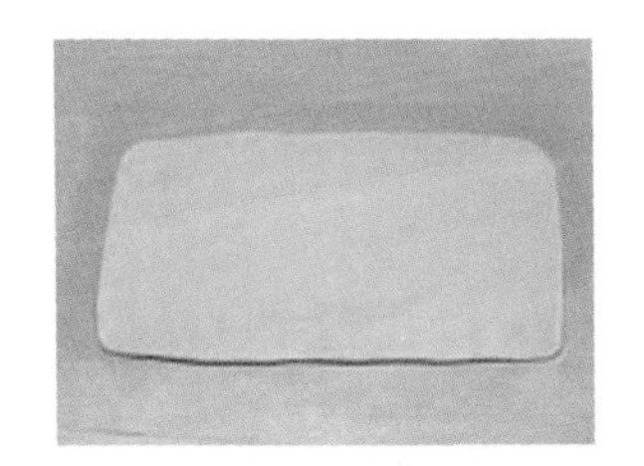

（9）把冷藏变硬的黄油薄片取出来，撕去保鲜袋后放在长方形面片中央。

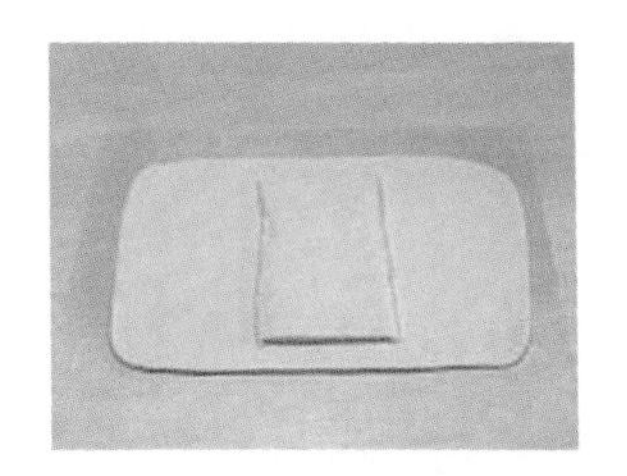

（10）把面片的一端向中央翻过来，盖在黄油薄片上。

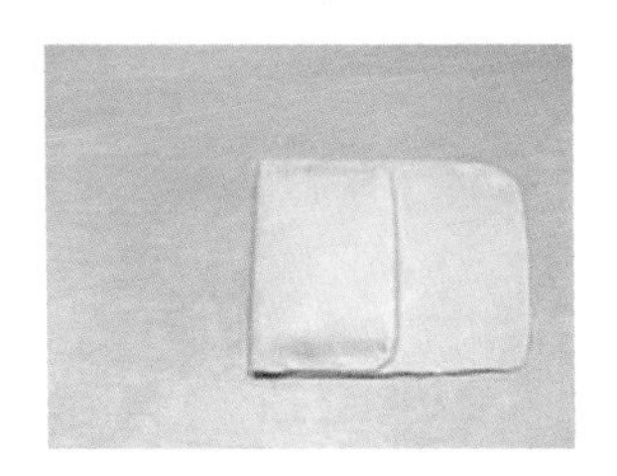

（11）把面片的另一端也翻过来。这样就把黄油薄片包裹在面片里了。把面片中间的气泡排除后将两端捏紧压死。

（12）用擀面杖再次将面片擀成长方形。

（13）擀好长方形面片。

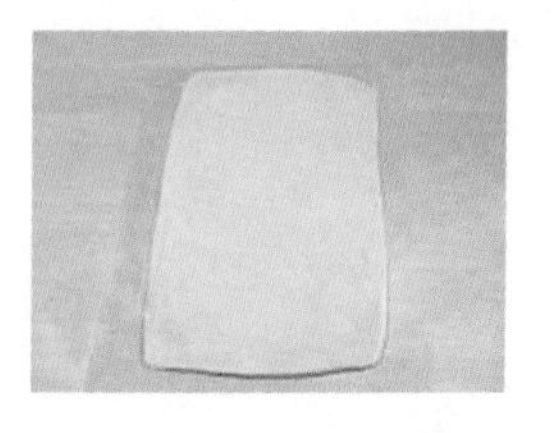

（14）将面片旋转90°。

（15）将面片的一端折向中线。

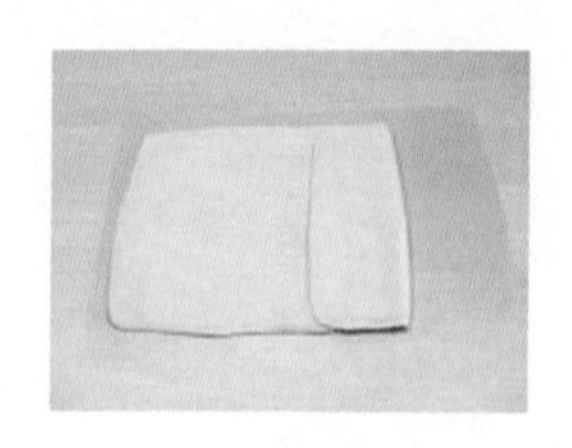

（16）将面片的另一端也折向中线。

（17）沿中线对折。

（18）换个方向再沿中线对折。这样就完成了第一轮的四折。将四折好的面片包上保鲜膜，放入冰箱冷藏松弛20分钟左右。

（19）把松弛好的面片拿出来，擀成长方形。

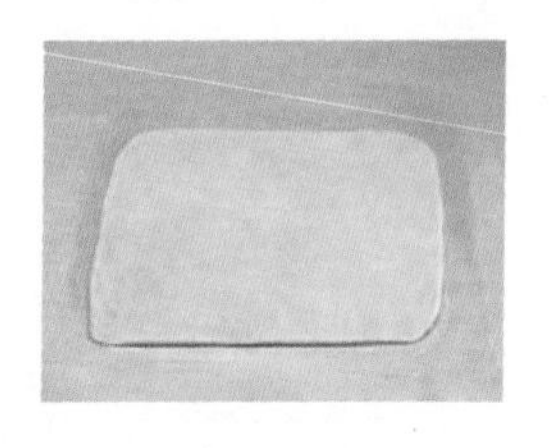

（20）将面片的一端折向中线。

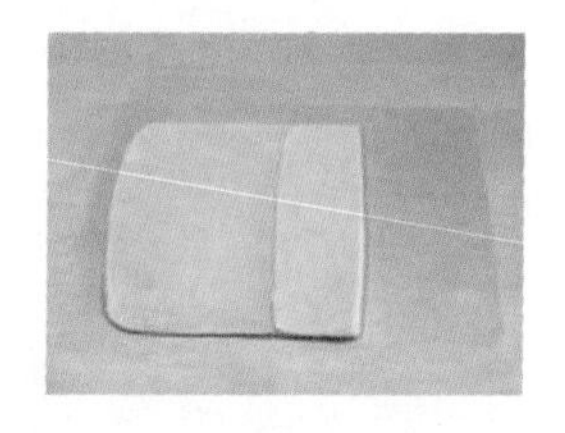

（21）将面片的另一端也折向中线。

（22）沿中线对折。

（23）换个方向再沿中线对折。这样就完成了第二轮的四折。包上保鲜膜，放入冰箱冷藏松弛20分钟左右。

（24）以此类推，重复（19）~（23）步，一共进行三轮四折。把三轮四折完成的面片擀开成厚度约0.3cm的长方形。

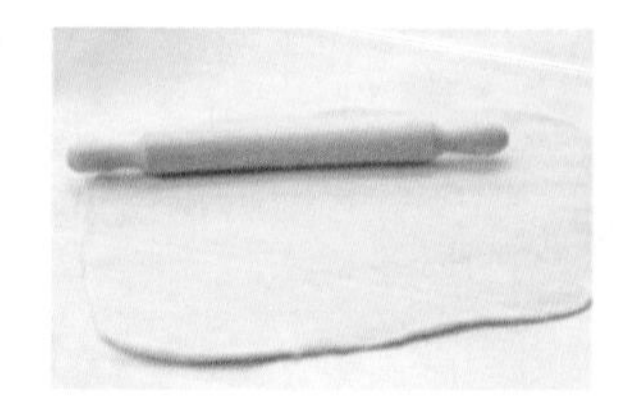

（25）用模具将挞皮割成圆形，将圆形的挞皮用拇指按压在蛋挞模具内，静置 20 分钟。

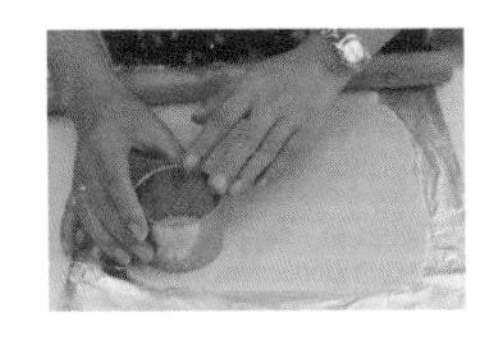

（26）将所有葡挞水材料混合，过筛，倒入压好的挞皮中。

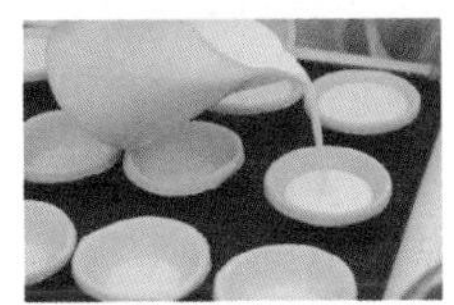

（27）上下火 220℃/250℃烤至上色即可。

六、注意事项

（1）挞皮在模具中捏好后需要静置 20 分钟再加入葡挞水，否则挞皮在烘烤过程中会回缩，造成葡挞水外溢。

（2）葡挞水装至八分满即可。

知识链接

“塔”与“派”的区别

“塔”与“派”在西点中都十分常见。

“塔”起源于14世纪的法国。法国人给这种黄油面团做底、圆形低矮的食物命名时，有意选择了拉丁语的“torta”，意为“圆形面包”，在古法语中为“tarte”。后来被英国人借鉴过去，将其叫做“tart”。但在当时，“塔”不是装饰着时令水果和奶油的甜点，而是夹着浓甜果酱，或者是以肉类、鱼和芝士做内馅的饼。

“派”是由“塔”发展演变过来的。在中世纪的欧洲，烤是主要的烹调方法，但当时的烤箱比较简陋，既不能喷蒸汽，也不能调节温度，人们为了防止肉馅烤得干硬难嚼，在塔的表面蒙上面皮以锁住肉汁，于是就产生了“派”（pie）。

当时，塔和派的主要区别只是表面有没有蒙上一层面皮，但它们流传到各国之后产生了更多的区别，如从外观形状上来看，塔比较小，多以水果装饰；从模具上来看，塔模的边多垂直于塔底；从烤制工序上来看，塔皮烤好后装入糊状的奶油馅，然后放上水果，不需要再烤制即可直接食用，而派皮与馅料一般是一起烤制至熟方可食用。

项目四

蛋糕类点心

蛋糕类点心

项目四

任务一 法式布丁蛋糕

一、 点心介绍

法式布丁蛋糕，又名“clafoutis”（音译克拉芙缇），是法国中南部 Limousin（利穆赞）地区的传统点心。它是一种在薄煎饼面糊上放满樱桃后送入烤箱烘焙而成的甜品，味道有一点像布丁，但是口感更为致密，又有些像蛋糕，但是更加软滑，故称为法式布丁蛋糕。它总是充满了浓郁的樱桃滋味，是很传统的法式甜品，因为夏天是樱桃的季节，所以它也是法国人夏天喜欢的时令甜品之一。

二、 课前学习

正宗的法式布丁蛋糕只能以樱桃来制作。所以在法国，只要看到“clafoutis”的名称，就该知道这是用樱桃做的甜品。而如果任何一个餐厅的菜单上写有“cherry clafoutis”（樱桃克拉芙缇），骄傲的法国甜品师会告诉那里的厨师这是多余的，因为如果将面糊与其他水果一起烘焙，例如加入苹果、梨、杏、梅子的甜点，它们专业的叫法是“flaugnarde”。

三、 加工方法

法式布丁蛋糕的加工方法是烤。

四、 材料准备

樱桃 ·························· 450g
鲜奶油 ························ 50g
牛奶 ·························· 175ml
细砂糖 ························ 100g
面粉 ·························· 100g
鸡蛋 ·························· 100g
蛋黄 ·························· 20g
香草油 ························ 2 滴
盐 ···························· 适量
黄油（涂抹用） ············ 适量

五、 做法

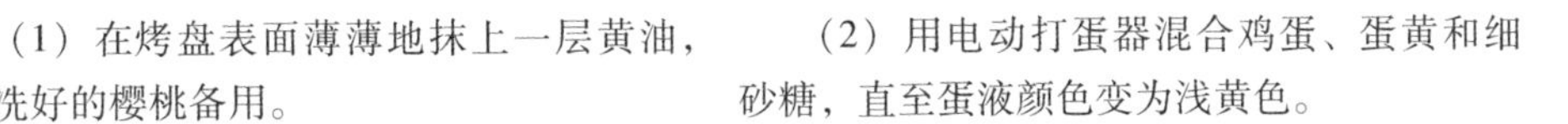

（1）在烤盘表面薄薄地抹上一层黄油，放上洗好的樱桃备用。

（2）用电动打蛋器混合鸡蛋、蛋黄和细砂糖，直至蛋液颜色变为浅黄色。

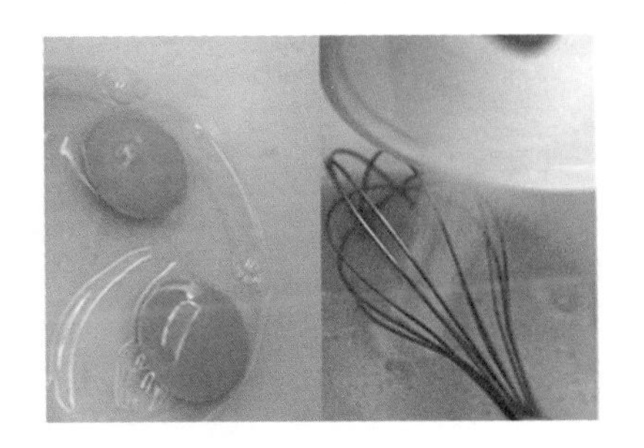

（3）加入面粉和盐，翻拌均匀。再加入牛奶、鲜奶油和香草油，搅拌均匀，最后拌好的面糊偏流质。

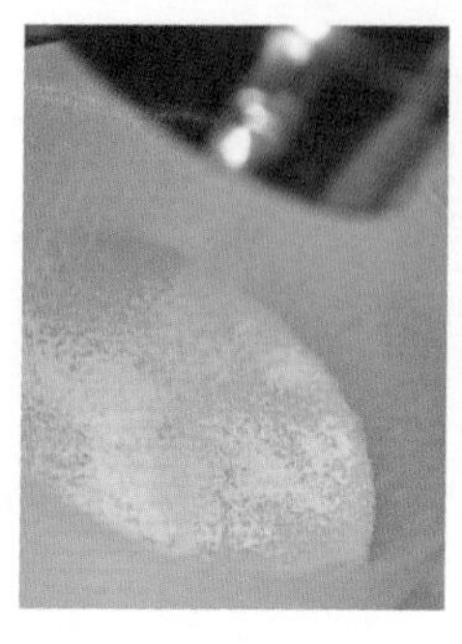

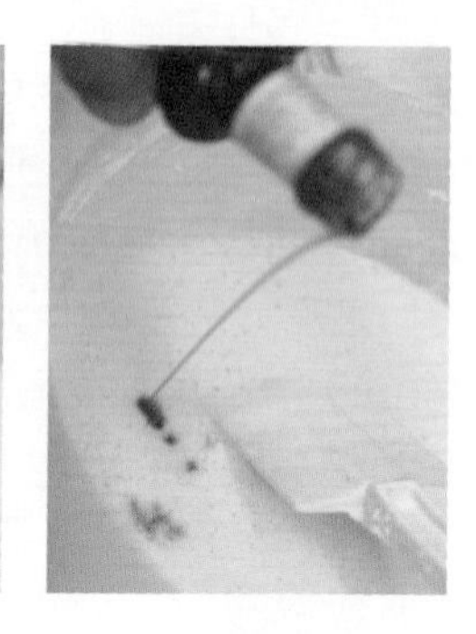

（4）将做好的面糊加入烤盘中，加至八分满，因为烤的时候面糊还会膨胀。

（5）放入预热的烤箱，上下火 200℃ 烘烤 30 分钟，烘烤至表面金黄、面糊定型。

（6）将烤好的法式布丁蛋糕取出冷却约 5 分钟，表面撒上糖粉。

六、注意事项

（1）烤好的蛋糕会膨胀，静置会塌陷，故面糊倒入容器时不能太满。

（2）脱模的时候，用热毛巾包住蛋糕模四周，捂一下，这样会比较容易脱模。

任务二　重芝士蛋糕

一、 点心介绍

芝士蛋糕又名奶酪蛋糕或起司蛋糕，是西方经典甜点的一种。据说它源于古老的希腊，是在公元前776年时，为了供应古奥运会所做出来的甜点。接着，它由罗马人从希腊传播到整个欧洲，后来又在19世纪跟着移民们传到了美洲。它有着柔软的上层，混合了特殊的芝士，再加上糖和其他的配料，如鸡蛋、奶油、椰蓉和水果等。芝士蛋糕通常都以饼干作为底层，亦有不使用底层的。芝士蛋糕在结构上较一般蛋糕扎实，但质地较一般蛋糕绵软，口感上亦较一般蛋糕湿润。

二、 课前学习

（1）认识重芝士蛋糕与轻芝士蛋糕的区别。

（2）为什么芝士蛋糕要用水浴法烤制？

三、 加工方法

重芝士蛋糕的加工方法是烤。

四、材料准备（以6寸圆形蛋糕为例）

奶油芝士 …………………… 250g
细砂糖 ………………………… 80g
消化饼干 …………………… 100g
牛奶 ………………………… 80ml
玉米淀粉 ……………………… 15g
鸡蛋 ………………………… 100g
黄油 …………………………… 50g
柠檬汁 ………………………… 10g
朗姆酒 ……………………… 15ml

五、做法

（1）首先制作蛋糕底，取一个保鲜袋，把消化饼干放进保鲜袋里，用擀面杖把消化饼干压成碎末状，盛出备用。

（2）黄油隔水融化，倒入压碎的消化饼干，搅拌均匀。

（3）将搅拌均匀后的消化饼干碎末倒进6寸的蛋糕模中，均匀地铺在蛋糕模底部，拿小勺压平压紧；铺好饼干底后，把蛋糕模放进冰箱冷藏备用。

（4）奶油芝士于室温软化后，加入细砂糖，用打蛋器打至顺滑无颗粒的状态。

（5）在芝士糊中分次加入鸡蛋，第一个鸡蛋与芝士糊完全融合后再加入第二个；搅打均匀后依次加入玉米淀粉、牛奶、柠檬汁和朗姆酒。每加入一种材料都要搅打均匀后再加入下一种材料。

（6）将搅拌均匀的蛋糕糊倒在事先铺好饼干底的蛋糕模中。

（7）将蛋糕模放入烤盘，在烤盘里倒入热水，热水高度最好没过蛋糕糊高度的一半；把烤盘放入预热好的烤箱上下火160℃烘烤1小时，烤到蛋糕表面呈金黄色即可出炉。

（8）将烤好的蛋糕放入冰箱冷藏4个小时以后，脱模并切块食用。

六、注意事项

（1）用活底蛋糕模或者慕斯圈时，均需要在蛋糕模底部包一层锡纸，防止底部进水。

（2）奶油芝士在冷藏状态下有些硬，在室温下放置一段时间或隔水加热后会变得柔软，此时才能用打蛋器搅打到顺滑，用来制作蛋糕。

（3）芝士蛋糕刚出炉时比较脆弱，此时不要急于脱模，放入冰箱冷藏4个小时以上再脱模食用，口感更好。

（4）水浴法烘烤可以避免芝士蛋糕烤得太老，也可以防止蛋糕顶部烘烤时开裂。

任务三 古典巧克力蛋糕

一、点心介绍

巧克力蛋糕起源于墨西哥。盛行于西方国家的巧克力，历来被人们视为“幸福食品”。美国饮食协会研究表明，巧克力中含多酚物质，该物质在水果、蔬菜、红酒和茶中也都存在，对人体健康有诸多好处。普通人每天食用200g巧克力，能增加抗氧化能力，有效降低胆固醇，减少患心血管疾病的可能。这款蛋糕全名蒸烤古典巧克力蛋糕，它的烤制方法比较特别。表面开裂、塌陷都是这款蛋糕的特点。它质地细密扎实，味道非常浓郁，冷却后密封放入冰箱冷藏更美味。

二、课前学习

掌握融化巧克力的方法和注意事项。

三、加工方法

古典巧克力蛋糕的加工方法是蒸烤。

四、材料准备

黑巧克力 …………………………… 70g
无盐黄油 …………………………… 45g
淡奶油 ……………………………… 40g
细砂糖 ……………………………… 80g
低筋面粉 …………………………… 20g
鸡蛋 ………………………………… 150g
无糖可可粉 ………………………… 40g

五、做法

（1）将黑巧克力和黄油混合隔水融化，加入淡奶油混合均匀。

（2）将鸡蛋的蛋清和蛋黄分离；蛋黄加 40g 细砂糖打至浓稠发白后加入步骤（1）的巧克力混合物中搅拌均匀。

（3）将蛋清分三次加入剩余的 40g 细砂糖中打至湿性发泡；先将 1/3 打发好的蛋清加入混合好的巧克力糊中拌匀，再加入剩余已打发的蛋清搅匀。

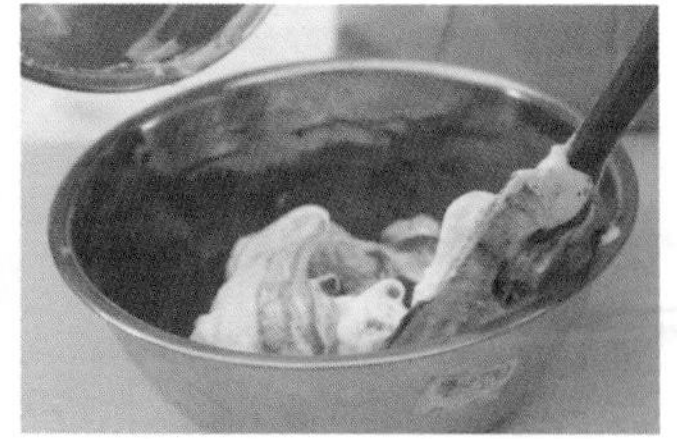

（4）筛入低筋面粉和无糖可可粉轻轻搅拌均匀后，倒进6寸的蛋糕模中，轻轻震荡模具使之分布均匀；把烤盘放入预热好的烤箱，下层烤盘注水，上下火170℃烘烤，烤制50分钟左右。

（5）从烤箱拿出来冷却后放进冰箱冷藏一晚后脱模，撒上糖粉作为装饰。

六、注意事项

（1）此款蛋糕的巧克力采用的是黑巧克力与无糖可可粉，故最后撒上糖粉既可以装饰也可以缓和苦味。

（2）蛋清在打发过程中可适当加入几滴醋或柠檬汁，打发效果会更好。

任务四　蜜栗咕咕霍夫

一、点心介绍

咕咕霍夫是“kouglof”的音译，有的地方又名“kugelhopf”。咕咕霍夫来源于德语，原意是将面包做成球状，加入啤酒酵母后做出的形状像男孩儿戴的圆边帽的面包，后将采用这种形似咕咕霍夫的中空螺旋纹形模具做出的皇冠形面包、蛋糕都称为咕咕霍夫。关于此款点心的来源众说纷纭，法国 Alsace 地区的咕咕霍夫非常出名，它也是德国南部和奥地利的传统特产，这几个国家自然都引经据典说自己才是咕咕霍夫的发源地。虽然来源地众说纷纭，但这款重油蛋糕被公认为圣诞节蛋糕。

二、课前学习

学习咕咕霍夫面包的做法。

三、加工方法

蜜栗咕咕霍夫的加工方法是烤。

四、材料准备

黄油	75g	鸡蛋	100g
糖煮栗子	75g	水	30ml
栗子泥	40g	朗姆酒	30ml
鲜奶油	25g	香草精	2 滴
细砂糖	90g	盐	5g
低筋面粉	95g	高筋面粉	适量

五、做法

（1）在咕咕霍夫模具内部涂上软化的黄油，然后均匀撒上适量高筋面粉。

（2）将黄油软化后搅打至稍微顺滑，加入 15g 细砂糖，搅打顺滑后再加入 15g 细砂糖，又搅打顺滑；依次加入盐、香草精、蛋黄，再搅打顺滑。

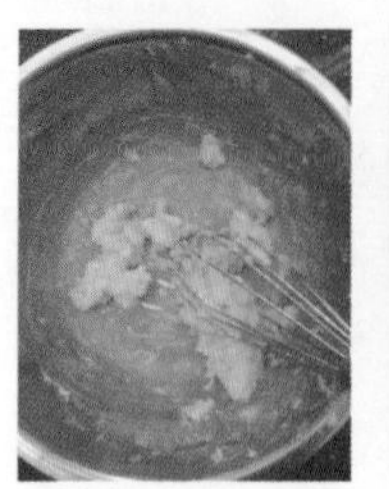 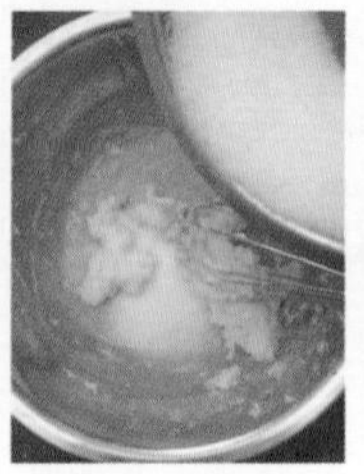 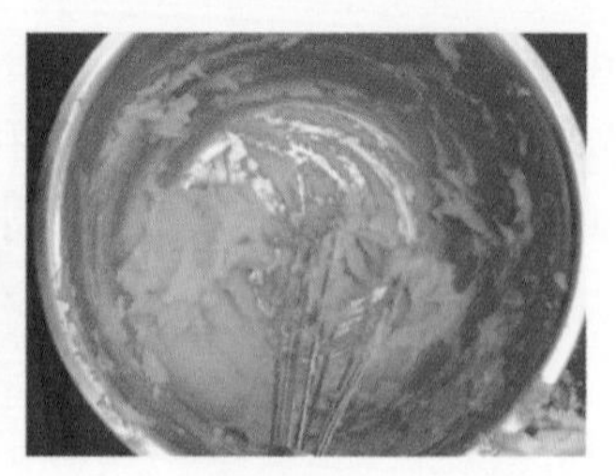

（3）鲜奶油隔水加热至稍温，加入步骤（2）的混合物中搅拌均匀；最后加入栗子泥，搅拌均匀；在搅拌过程中一旦感觉出现水油分离现象，需尽快隔水稍微加热至微温再继续搅打。

 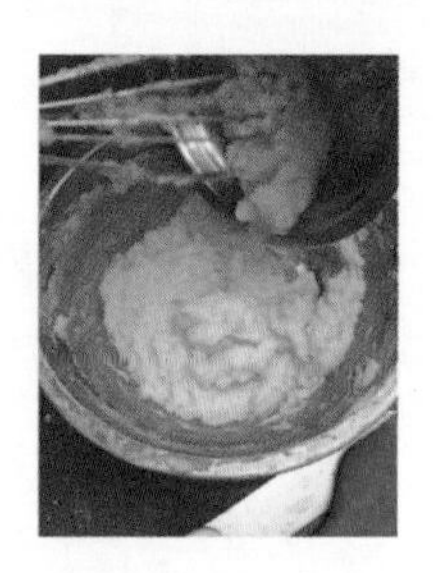

（4）将蛋清与25g细砂糖打发成湿性发泡的蛋白霜；取一半蛋白霜加入黄油蛋糊，用橡皮刮刀搅拌均匀。

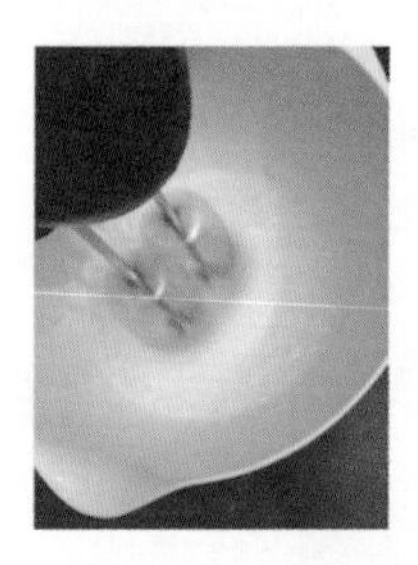 

（5）筛入一半低筋面粉，搅拌至无粉质颗粒；再将剩余蛋白霜加入，搅拌均匀；筛入剩下的低筋面粉，从下往上轻快搅拌均匀即可；最后加入切碎的糖煮栗子，搅拌均匀，装入咕咕霍夫模具中。

 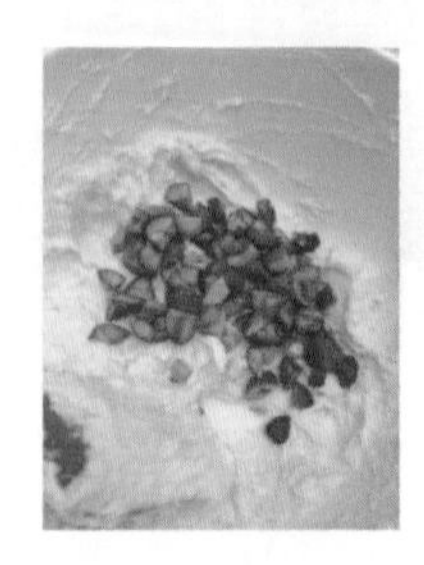 

（6）放入预热好的烤箱，上下火160℃烘烤50～60分钟；出炉后直接脱模；将水、剩余的细砂糖制成糖浆，冷却后加入朗姆酒拌匀，涂抹在蛋糕体上；放入冰箱冷藏一晚再食用。

六、注意事项

步骤（5）中将蛋白霜与面粉混合时刮板应从下往上搅拌，避免蛋清消泡。

任务五　玛德莲蛋糕

一、点心介绍

玛德莲蛋糕又称贝壳蛋糕，是能代表法国的点心之一。虽然它是一款蛋糕，但是在法国传统意义上来说属于饼干类。玛德莲蛋糕中的“玛德莲”是“madeleine”的音译。相传，玛德莲蛋糕源于法国洛林地区。18世纪，在洛林公爵举行的某次宴会上，甜点师傅因与大厨吵架愤而离去，为顾全大局，一位名叫“玛德莲”的侍女自告奋勇地烤了一大盘小蛋糕上桌，那诱人的香气与恰到好处的色泽让宾客们纷纷叫好，公爵便把这款点心命名为“玛德莲”。贝壳状的外形是它的最大特点。Marcel Proust曾这样形容品尝玛德莲蛋糕的体验：“那第一口浮有屑末的温暖茶水在碰到味蕾的一瞬间，一阵战栗穿过全身，茶水和饼干屑的结合为他带来无上喜悦。”

二、课前学习

探讨玛德莲蛋糕适合与哪种口味的咖啡搭配。

三、加工方法

玛德莲蛋糕的加工方法是烤。

四、材料准备

黄油……………………………100g
低筋面粉………………………100g
细砂糖…………………………100g
鸡蛋……………………………100g
香草精…………………………2滴
柠檬皮…………………………半个
泡打粉……………………………5g
盐………………………………适量

五、做法

（1）在鸡蛋中加入细砂糖，搅拌至糖融化。

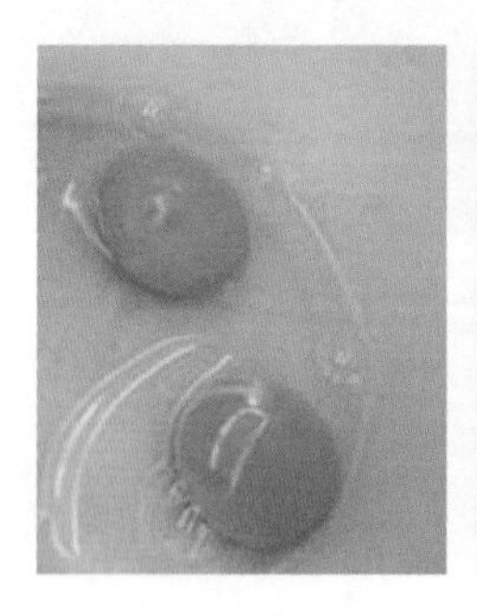

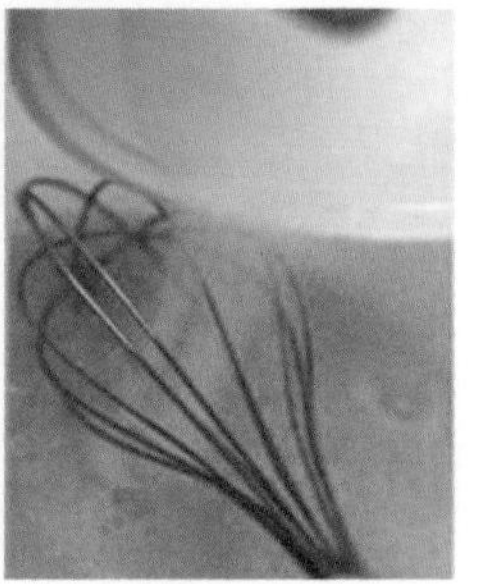

（2）放入柠檬皮，筛入低筋面粉、泡打粉、盐，滴入香草精搅拌均匀；再加入融化的黄油，搅拌均匀。

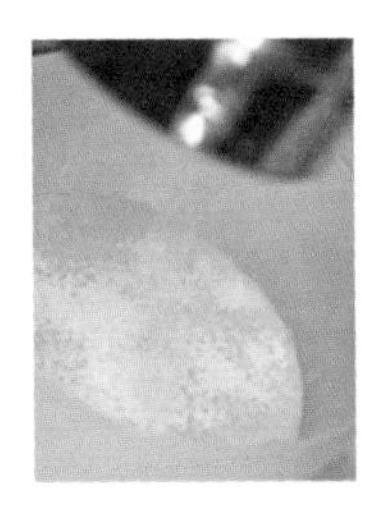
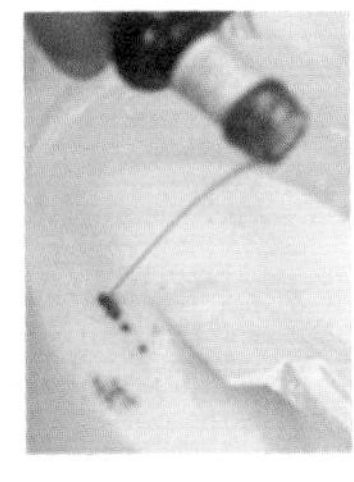
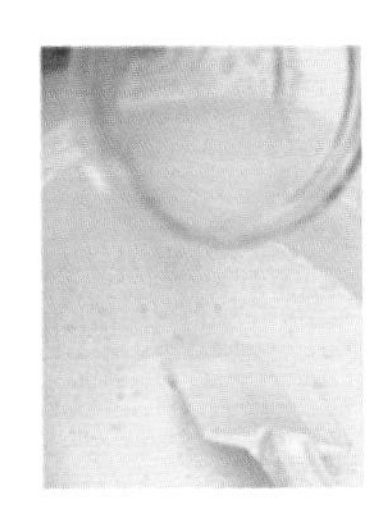

（3）把搅拌好的面糊放入冰箱冷藏 1 小时，至面糊呈浓稠状即可；在模具中涂抹一层黄油，然后均匀地撒满面粉，并抖落多余的面粉，把面糊倒入裱花袋再挤入模具，八分满即可。

（4）放入预热好的烤箱，上下火 180℃ 烘烤 20～25 分钟。

六、注意事项

在模具上撒粉后需把多余的粉抖落，模具上不能出现厚粉或大块的粉，以免影响成品外观和口感。

任务六　欧培拉蛋糕

一、点心介绍

欧培拉为“opera”的音译，意为歌剧院。欧培拉蛋糕又名歌剧蛋糕，是法国知名甜点。它最先是由1890年开业的甜点店Dalloyau创制的。其形状非常方正，表面淋着的那层薄薄的巧克力看起来很像歌剧院内的舞台，而上面点缀的金箔片看起来又像是加尼叶歌剧院（巴黎歌剧院），这使它得到了这个形象的称呼。它是一款有着数百年历史的蛋糕，那浓郁的巧克力与咖啡味令每个爱吃巧克力的人都迷恋不已。传统的欧培拉蛋糕共有六层，其中包括三层浸过咖啡糖浆的海绵蛋糕和以黄油、鲜奶油和巧克力奶油做成的馅，充满咖啡与巧克力的香味，入口即化。

二、课前学习

学习并掌握“久贡地”（杏仁海绵蛋糕）和“甘那许”（巧克力酱）的制作方法。

三、加工方法

欧培拉蛋糕的加工方法是烤。

四、材料准备

久贡地（杏仁海绵蛋糕）材料：

黄油……………………… 40g
低筋面粉…………………100g
糖粉……………………… 60g
鸡蛋………………………240g
杏仁粉……………………120g
蛋清………………………200g
细砂糖……………………120g

甘那许（巧克力酱）材料：

淡奶油……………………200g
鲜奶油……………………100g
黑巧克力…………………200g
黄油……………………… 60g

咖啡奶油霜材料：

黄油………………………240g
糖粉………………………120g
水………………………… 50ml
蛋黄……………………… 100g
即溶咖啡粉……………… 12g
热水……………………… 6ml

咖啡酒糖浆材料：

白砂糖…………………… 65g
水………………………… 100ml
速溶咖啡粉……………… 15g
咖啡利口酒………………20ml

整体材料：

金箔片……………………适量

五、做法

久贡地（杏仁海绵蛋糕）的做法：

（1）糖粉过筛与鸡蛋混合，搅拌均匀；再加入杏仁粉搅拌均匀；最后加入隔水融化后的黄油并搅拌均匀。

（2）蛋清分三次加入细砂糖，在搅拌机中打至中性发泡。

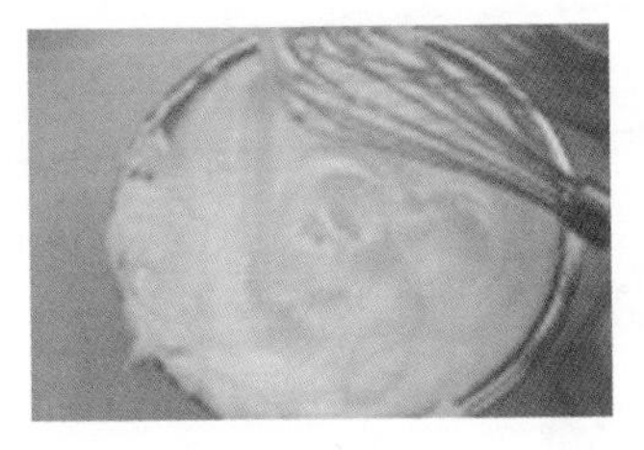

（3）取1/3的蛋清糊加入步骤（1）的混合物中轻轻搅拌均匀，再加入1/2过筛后的低筋面粉混合拌匀。

（4）加入剩余的蛋清糊搅拌均匀，再加入剩余的过筛后的低筋面粉充分拌匀。

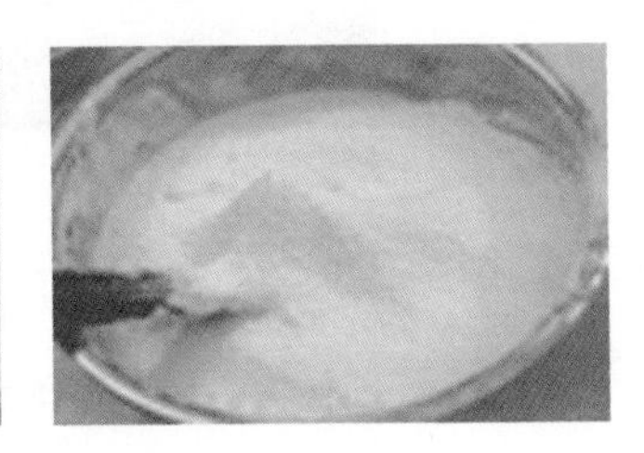

（5）倒入规格为35cm×30cm的烤模中抹平；放入预热好的烤箱，上下火190℃/160℃烘烤15分钟，出炉冷却；冷却后脱模，平均切成4片大小适当的正方形蛋糕片。

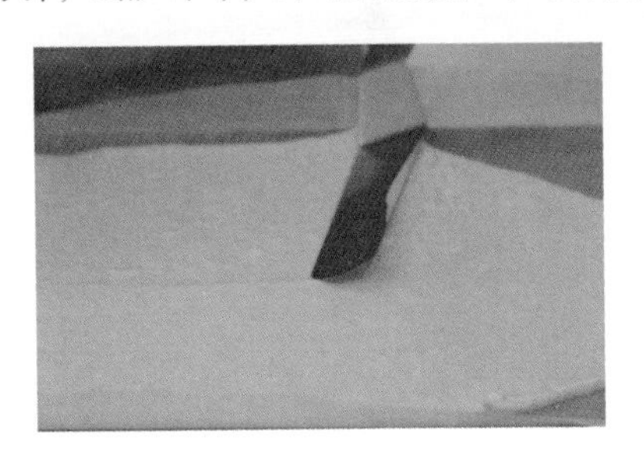
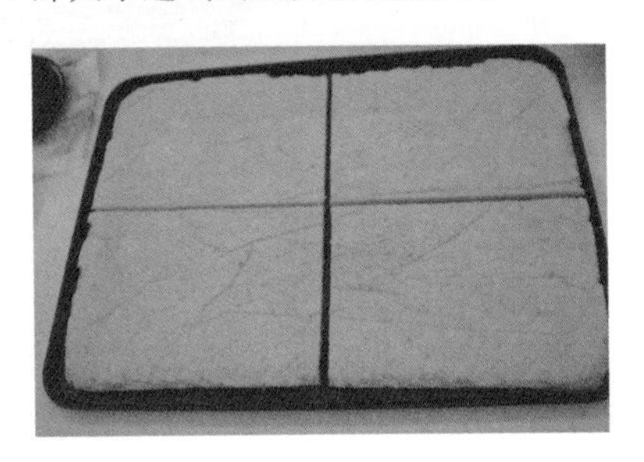

甘那许（巧克力酱）的做法：

（1）将淡奶油与鲜奶油混合加热煮沸。

（2）黑巧克力隔水融化后加入煮沸后的奶油，搅拌至无颗粒状态。

（3）加入黄油，搅拌均匀。

咖啡奶油霜的做法：

（1）即溶咖啡粉加上热水调成咖啡液。

（2）取糖粉与水混合煮沸；打发蛋黄，将煮好的糖水慢慢注入蛋黄液中，不要太快，否则很容易把蛋黄烫熟。边倒边用搅拌器搅打，直到蛋糊发白。

（3）将黄油打发后与蛋糊混合，搅拌均匀；最后慢慢加入咖啡液，拌匀成细腻的奶油霜。

咖啡酒糖浆的做法：

（1）白砂糖与水小火加热至糖完全溶解，离火。

（2）加入速溶咖啡粉，放置10分钟，加入咖啡利口酒，过滤备用。

整体的做法：

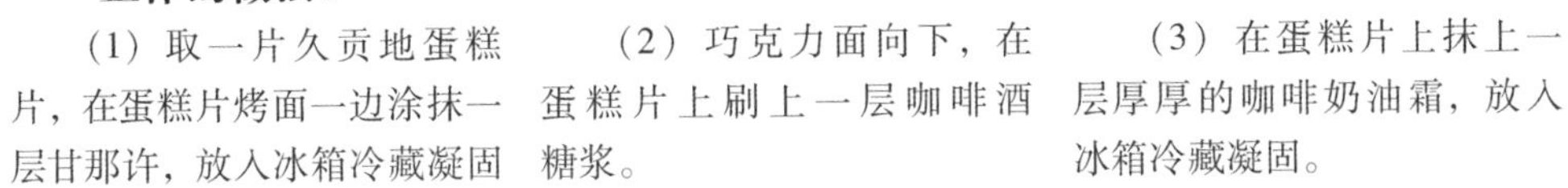

（1）取一片久贡地蛋糕片，在蛋糕片烤面一边涂抹一层甘那许，放入冰箱冷藏凝固后，再翻过来。

（2）巧克力面向下，在蛋糕片上刷上一层咖啡酒糖浆。

（3）在蛋糕片上抹上一层厚厚的咖啡奶油霜，放入冰箱冷藏凝固。

（4）放上第二片蛋糕片，在第二片蛋糕片上刷上咖啡酒糖浆，涂抹一层甘那许。

（5）以此类推，在第三片上刷咖啡酒糖浆，涂抹一层甘那许；再放上第四片蛋糕片，刷咖啡酒糖浆，涂抹甘那许；最后将巧克力液淋在蛋糕上，放入冰箱冷藏至凝固。

（6）取出冷藏好的蛋糕，切去周围四边，修整蛋糕；切件，撒上金箔片装饰即可。

六、注意事项

（1）蛋糕片的厚度不要太厚，尽量控制在1cm以内。

（2）糖水与蛋黄混合时，热糖水倒入速度不能太快，搅拌速度不能太慢，避免蛋黄被烫熟。

知识链接

关于“甘那许”的典故

甘那许（Ganache）是一种非常古老的手工巧克力制作工艺，就是把半甜的巧克力与鲜奶油一起以小火慢煮至巧克力完全融化的状态，其间还要不断地搅动，使巧克力的质地尽量变得柔滑。经过繁复精细的制作过程后，完整凝聚了芳香浓郁气息的巧克力就制成了，口感微湿。

在法国，“甘那许”的意思是“傻瓜”，它大约起源于1850年的法国，是从一位巧克力大亨的学徒所犯的一个错误开始的。当时一位学徒把奶油溢进了正在搅拌的液态巧克力中，厨师生气地骂徒弟“甘那许”。但这一“失败品”的味道非常好，“甘那许”就这样诞生了。

任务七　费南雪蛋糕

一、 点心介绍

费南雪蛋糕，也称杏仁长蛋糕，其名称源自法语词汇“financier”，本义为金融家、富翁。费南雪蛋糕是一款颇有来历的法国小糕点。它最原始的配方源自一款叫做“visitandine”的蛋糕，由 Visitation 修道院的修女们独创。烘焙师 Lasne 借鉴此配方，而且根据自己烘焙店的所在地和顾客群，将其改头换面，做成金条形状，换上和金融有关的新名字“financier”，转眼就成了他名下的一款法国经典点心。其来历的另外一个说法是，最初的费南雪蛋糕做得很像缩小版的金条，是巴黎证券交易所附近的蛋糕师傅发明的茶点，据说是为了让那些在证券交易所工作的金融家们能快速食完且不弄脏他们的西装，而糕点本身做成金条状，也颇有寓意。费南雪蛋糕的面糊有一大好处是可以放入冰箱冷藏，要吃的时候随取随用。费南雪蛋糕花样繁多，已远不止传统的形状和单一口味了，人们在里面加入各式香料、水果、巧克力、坚果、香草及焦糖，变化出层出不穷的多样口味。

二、 课前学习

学会分析费南雪蛋糕适合与什么咖啡搭配。

三、 加工方法

费南雪蛋糕的加工方法是烤。

四、 材料准备

黄油……………………………80g
低筋面粉……………………30g
糖粉…………………………60g
蛋清…………………………80g
杏仁粉………………………30g
蜂蜜…………………………20g

五、 做法

（1）黄油加热至融化后，再煮至焦黄色。

（2）烤箱预热175℃，烤盘里铺上油布或其他烤焙用垫子，把杏仁粉均匀地撒在上面铺开，烤5～8分钟，至杏仁粉变成焦黄色即可。

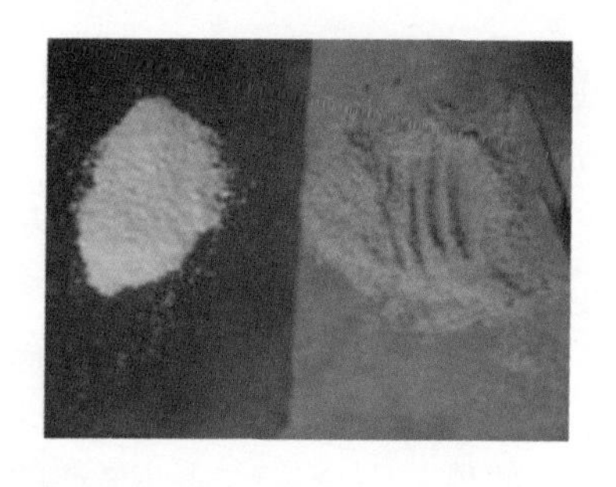

（3）将烤好的杏仁粉和低筋面粉、糖粉混合均匀，过筛备用。

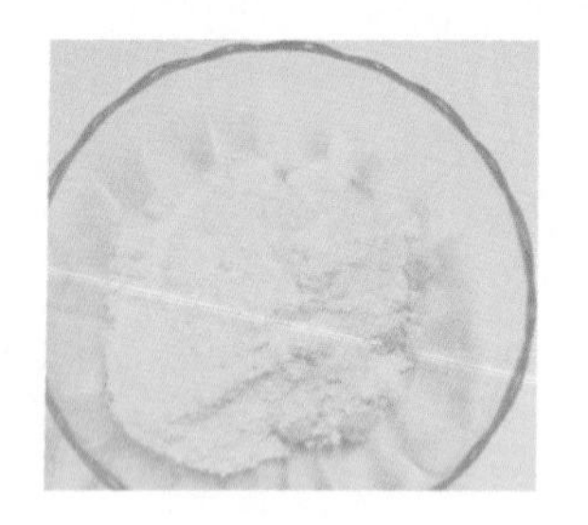

（4）蛋清打至起泡，加入过筛的粉类中混合均匀；加入蜂蜜轻轻搅拌至无颗粒状。

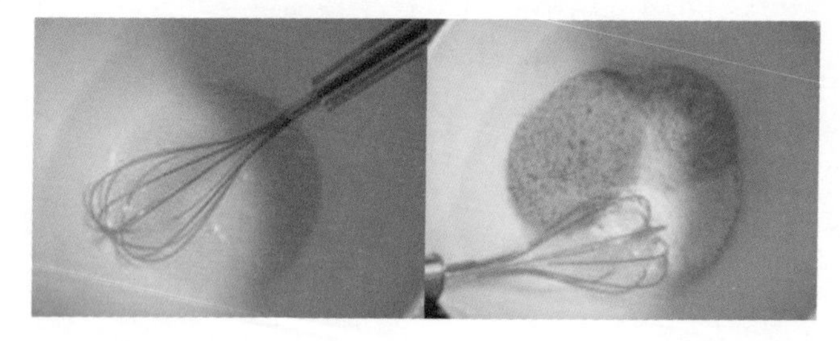

(5) 在步骤 (4) 的混合物中倒入冷却的黄油拌匀，即成为费南雪面糊，密封后冷藏1小时以上。

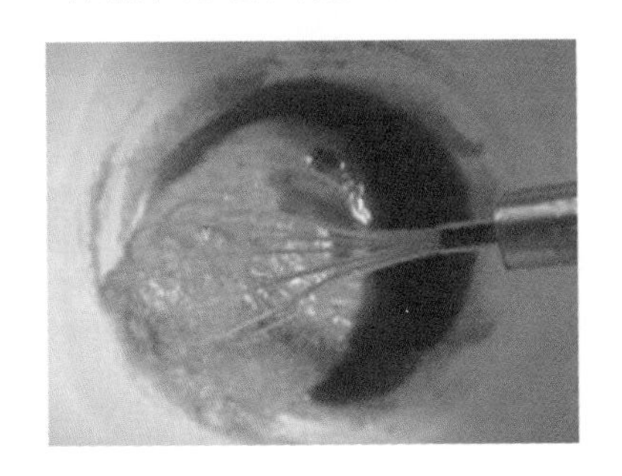

(6) 将面糊倒入模具中（八分满），放入预热好的烤箱，上下火180℃/130℃烘烤15分钟，出炉冷却，脱模。

六、注意事项

不同材质的模具有不同脱模方法。如果模具是硅胶的，只要将其擦干净，放入冰箱冷藏，然后倒入面糊，就可以脱模。如果模具是金属的，最好作涂油撒粉的处理，才容易脱模。

任务八　沙架蛋糕

一、 点心介绍

沙架蛋糕（Sacher Cake）起源于1832年，当时一位王子的家厨 Franz Sacher 研发出这种甜美无比的巧克力馅蛋糕，受到皇室的喜爱，当时贵族经常出入的沙架饭店（Sacher Hotel）也以沙架蛋糕为招牌点心。然而，它独家的秘方究竟是什么，至今仍是一场争论不休的甜点官司，一家叫 Demel 的糕饼铺号称以重金购买到沙架家族成员所提供的原版食谱，沙架饭店则坚持只有他们的蛋糕才尊重创始者的传统口味。尽管官司未解，但是沙架蛋糕独特的巧克力馅与杏桃果酱的美味组合早已传遍全世界，被数以万计的点心主厨不断衍生创作，成为代表奥地利的国宝级点心。

二、 课前学习

学习判断蛋糕烤熟的方法。

三、 加工方法

沙架蛋糕的加工方法是烤。

四、 材料准备 （以6寸圆形蛋糕为例）

蛋糕体材料：

黑巧克力……………………70g
黄油…………………………70g
低筋面粉……………………70g
细砂糖………………………50g
蛋黄…………………………60g
蛋清…………………………120g

甘那许材料：

淡奶油………………………200g
鲜奶油………………………100g
黑巧克力……………………200g
黄油…………………………60g

整体材料：

杏桃果酱……………………适量

五、 做法

蛋糕体的做法：

（1）黑巧克力和黄油分别隔水融化；蛋黄打散，加入融化的黑巧克力和黄油拌匀。

（2）蛋清分三次加糖打到干性发泡，取1/3加到蛋黄混合物中轻轻拌匀，再加入剩余的蛋清拌匀，筛入低筋面粉，混合均匀。

（3）在2个6寸蛋糕模中放入烤纸；面糊入模，放入预热好的烤箱，上下火180℃烘烤45分钟，出炉脱模冷却。

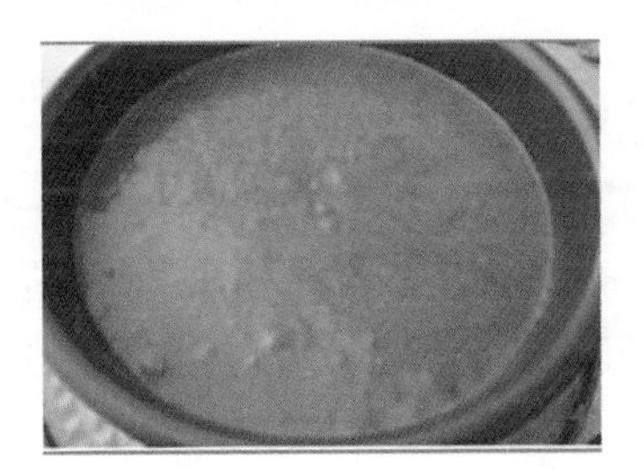

甘那许的做法：

（1）将淡奶油与鲜奶油混合加热煮沸。

（2）黑巧克力隔水融化，加入煮沸后的奶油，搅拌至无颗粒状态。

（3）加入黄油，搅拌均匀。

整体的做法：

（1）在一片蛋糕上刷上杏桃果酱，再盖上另一片蛋糕。

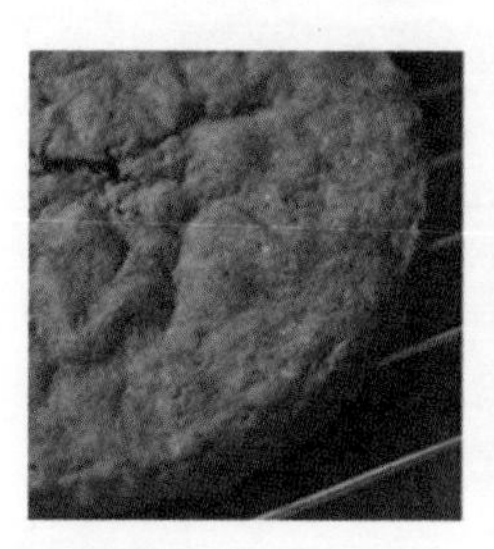

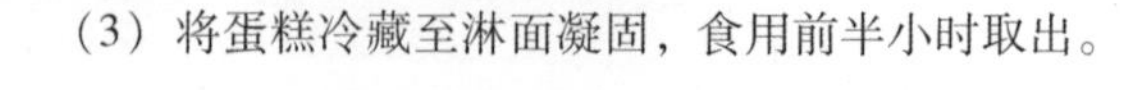

（2）用橡皮刮刀在蛋糕整个表面和侧面铺上甘那许淋面。

（3）将蛋糕冷藏至淋面凝固，食用前半小时取出。

六、注意事项

（1）如果没有2个一样大小的模具，就用1个模具，自己把握时间，最后烤好放凉后从中间切开。

（2）注意要保证甘那许淋面溶液的温度，液体温度太高比较稀，不容易挂在蛋糕上；温度低比较浓稠，淋上去流动性很差，容易造成表面不均。要多试几次才能掌握。

任务九 波伦塔蛋糕

一、点心介绍

如果你和一个土生土长的意大利人说：“我昨天吃了款传统的意大利蛋糕，上面覆盖着焦糖、苹果片和杏仁片，淋着黄油，散发着柠檬清香……”估计没等你说完他就会脱口而出：“波伦塔蛋糕!”意大利流传着“每个人的奶奶都会做波伦塔蛋糕”这样一句话。这款经典蛋糕源自意大利的西西里，那个盛产马萨拉（Marsala）酒和橄榄油的地方，唐·克里奥尼的故乡。

由于有玉米面（polenta）的成分，波伦塔蛋糕的主体和其他蛋糕相比颗粒粗放、质地坚实，但是因为各成分比例及匹配恰到好处，所以口感丰富浓郁，粗犷而不粗糙，让人想到亚平宁半岛南端那个阳光和煦的小岛。

二、 课前学习

学习其他玉米面蛋糕的做法。

三、 加工方法

波伦塔蛋糕的加工方法是烤。

四、 材料准备（以6寸圆形蛋糕为例）

玉米面粉……………………… 65g
低筋面粉……………………… 70g
糖粉…………………………150g
鸡蛋…………………………100g
泡打粉………………………… 5g
柠檬…………………………1个
苹果…………………………1个
牛奶…………………………75ml
葡萄干……………………… 40g
黄油………………………… 75g

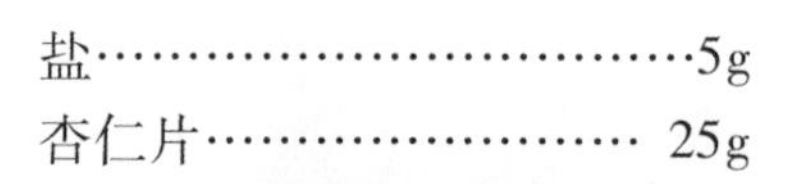

盐……………………………5g
杏仁片……………………… 25g

五、 做法

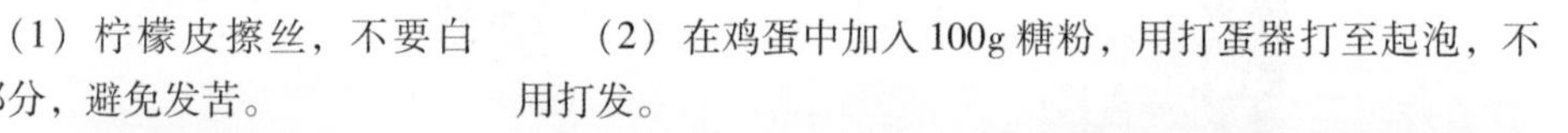

（1）柠檬皮擦丝，不要白色部分，避免发苦。

（2）在鸡蛋中加入100g糖粉，用打蛋器打至起泡，不用打发。

（3）在蛋液里加入牛奶，搅匀；黄油隔水融化后加一半到蛋液里，搅匀；筛入低筋面粉、玉米面粉、泡打粉和盐，搅拌均匀。

（4）加入沥过水的葡萄干和柠檬皮丝。

（5）模具内先用黄油（配方外）涂一层，再撒一层低筋面粉（配方外）；将搅拌均匀的面糊倒入模具中。

（6）把苹果去皮、去核，切成薄片。在模具表面均匀铺上苹果薄片。

（7）把杏仁片均匀地撒在表面；浇上另一半融化的黄油；再将剩余糖粉筛在表面。

（8）放入预热好的烤箱，上下火190℃烘烤40分钟，出炉脱模冷却。

六、注意事项

（1）表面的黄油在烤的过程中会滋滋作响，会令人感觉油都浮在了表面。表面的黄油和糖在面糊不熟的时候，起到将苹果煎成焦糖苹果的作用，等蛋糕烤熟、蛋糊膨胀后，蛋糕体出现蜂洞，黄油就会逐渐被蛋糕体吸收。表面是否还有油、苹果是否变成焦糖色是衡量蛋糕是否烤好的标准之一。

（2）这款蛋糕因为油比较重，玉米面的口感也相对扎实，不像戚风蛋糕那样绵软，所以热食口感更好一些。如果放凉了食用，会感觉比较腻。搭配咖啡，是很不错的下午茶选择。

任务十　黑森林蛋糕

一、 点心介绍

黑森林蛋糕（Schwarzwaelder Kirschtorte）是德国著名甜点，在德文里“schwarzwaelder”即意为黑森林。它融合了樱桃的酸、奶油的甜、樱桃酒的醇香。完美的黑森林蛋糕经得起各种口味的挑剔。黑森林蛋糕被称作黑森林的特产之一，其名字的德文原意为“黑森林樱桃奶油蛋糕”。正宗的黑森林蛋糕，巧克力相对比较少，更为突出的是樱桃酒和奶油的味道。

二、 课前学习

学习戚风蛋糕的做法以及戚风蛋糕适用品种。

三、 加工方法

黑森林蛋糕的加工方法是烤。

四、 材料准备（以8寸圆形蛋糕为例）

低筋面粉……………70g　　可可粉……………30g　　黑樱桃…………250g
糖粉…………………40g　　色拉油……………65ml　　樱桃酒…………20ml
鸡蛋…………………250g　　淡奶油……………360g　　黑巧克力………150g
细砂糖………………40g　　牛奶………………60ml　　白醋……………适量

五、 做法

（1）将蛋清和蛋黄分离，分别放入2个无油无水的干净盆中。

（2）打发蛋清，滴入白醋，分三次加入糖粉，打至干性发泡为止。

（3）蛋黄中加入牛奶、色拉油、细砂糖、可可粉，筛入低筋面粉，搅拌均匀至无颗粒顺滑状。

（4）分三次将蛋清糊放入蛋黄糊中，轻轻从下到上地翻匀，不要旋转搅拌，避免消泡。

（5）模具内先涂一层黄油（配方外），将面糊倒入模具里，用力震几下，震出大气泡；放入预热好的烤箱，上下火160℃烘烤1个小时。

（6）将烤好的蛋糕连模具一起倒扣在架子上，1小时后脱模；将蛋糕平均切成三片备用。

（7）把淡奶油倒入干净的盆中，坐入另一个冰水盆，加入糖粉，用电动打蛋器高速打发，打至花纹明显、提起打蛋器有小尖角即可。

（8）取一片蛋糕，用毛刷刷上樱桃酒，涂上奶油，再铺上切碎的黑樱桃；盖上第二片蛋糕，涂樱桃酒，涂奶油，铺上黑樱桃碎。

（9）盖上第三片蛋糕，在整个蛋糕外面涂上奶油。

（10）在蛋糕的表面撒满黑巧克力碎，挤上几朵奶油花，点缀上黑樱桃。

六、注意事项

（1）如果买不到樱桃酒，可以用朗姆酒或白兰地代替。如果提供给儿童食用，可以用樱桃汁来代替酒。

（2）黑巧克力碎可以通过将黑巧克力隔水融化后放入冰箱冷藏凝固，再用铁勺刮下获得。

任务十一　抹茶冻芝士蛋糕

一、点心介绍

清新茶香与浓郁的奶油芝士香气形成鲜明对比，赋予了这款蛋糕丰富的味觉体验。这款蛋糕没有厚重的历史底蕴，却是一款具有日式风味的蛋糕。冰淇淋般的口感配以抹茶的清新，足以满足人们对夏天的所有遐想。

二、 课前学习

了解其他不需要烤制的蛋糕品种。

三、 加工方法

抹茶冻芝士蛋糕的加工方法是冷藏。

四、 材料准备 （以6寸圆形蛋糕为例）

奶油芝士	200g	细砂糖	85g
鲜奶油	170g	热水	30ml
抹茶粉	10g	牛奶	30ml
消化饼干	80g	吉利丁片	10g
黄油	40g	蜜豆	25g

五、 做法

（1）首先制作蛋糕底，取一个保鲜袋，把消化饼干放进保鲜袋里；用擀面杖把消化饼干压成碎末状，盛出备用。

（2）黄油隔水融化，倒入压碎的消化饼干，搅拌均匀。

（3）将搅拌均匀后的消化饼干碎末倒进6寸的蛋糕模，均匀地铺在蛋糕模底部，拿小勺压平压紧；铺好饼干底后，把蛋糕模放进冰箱冷藏备用。

（4）将奶油芝士放在室温中软化，吉利丁片用冷水泡软。在软化的奶油芝士中加入80g细砂糖打发至微白、光滑、无颗粒状。

（5）用热水将抹茶粉和5g细砂糖泡开，倒入步骤（4）的芝士糊中，搅拌均匀。

（6）将牛奶与鲜奶油加热，放入泡软的吉利丁片，搅拌融化，倒入抹茶芝士糊中搅拌均匀。

（7）打发鲜奶油至六分发（打蛋器拎起奶油缓缓流下），分三次加入步骤（5）的混合物中，搅拌均匀；加入蜜豆混合均匀。

（8）倒入铺好饼底的模具中，将蛋糕放入冰箱，冷藏4个小时以上成型即可。

六、 注意事项

（1）脱模的时候可以用热毛巾捂一下模具，方便脱模。

（2）由于不需要经过烘烤，此款蛋糕可以装在杯子或各种形状的模具中，制作方法不变。

任务十二 木糠蛋糕

一、 点心介绍

木糠蛋糕是最具澳门特色的甜品之一，与葡式蛋挞齐名，据说澳门前总督也非常喜爱这款甜品。它因为表面的饼干碎屑形似木糠而得名。饼干碎屑和淡奶油完美组合，冰的时候似冻品，温度升高后又似慕斯，入口即溶，又不太甜腻，让人回味无穷。

二、课前学习

学习打发奶油的技术要点。

三、加工方法

木糠蛋糕的加工方法是冷藏。

四、材料准备

淡奶油……………………………450g
玛丽饼干…………………………225g
细砂糖……………………………100g

五、做法

（1）首先制作蛋糕底，取一个保鲜袋，把玛丽饼干放进保鲜袋里；用擀面杖把玛丽饼干压成碎末状，盛出备用。

（2）用打蛋器打发淡奶油，使奶油体积变大，分三次加入细砂糖；奶油打发至硬身（约九分发），将打发好的奶油装入裱花袋。

（3）在模具底部铺上一层过了筛的饼干碎，用小勺轻轻压平；往饼干碎上挤上一层奶油，铺平；不断重复这一步骤，直到模具铺满。

（4）将蛋糕放入冰箱，冷藏 4 个小时以上成形即可；食用前再铺上一层水果进行装饰。

六、 注意事项

由于不需要经过烘烤，此款蛋糕可以装在杯子或各种形状的模具中，制作方法不变。

项目五
饼干类点心

饼干类点心

项目五

任务一　法式香橙松饼

一、点心介绍

松饼是一种口感介于蛋糕与饼干之间的点心，利用鸡蛋的起发性使松饼内部松软可口，配合平底锅或专用的松饼机煎制而成，外表松脆，内部柔软。还可搭配果酱、奶油、水果甚至肉类，形成不同的风味。

二、课前学习

除了香橙口味以外，松饼还可以有哪些口味？

三、加工方法

法式香橙松饼的加工方法是煎。

四、材料准备

新奇士鲜橙··················2 个
鸡蛋 ························ 100g
黄油···························40g
牛奶··························70ml
低筋面粉 ················· 150g
细砂糖························50g

五、做法

（1）把鲜橙洗净，切下半个橙子外皮，尽量不要切到白色的部分，然后把橙皮切碎备用。取橙肉入料理机打成果泥。

（2）将蛋清和蛋黄分开，把蛋黄加入果泥中拌匀，再加入融化的黄油和牛奶拌匀，筛入低筋面粉，拌成均匀的面糊。

（3）加入切碎的橙皮拌匀。用电动打蛋器将蛋清打至粗起泡，加入细砂糖。

（4）将蛋清混合物打至干性发泡，倒入拌好的蛋黄果泥糊中，翻拌均匀。不要画圈搅拌，以免消泡。

（5）加热平底锅，舀入一勺拌好的松饼糊，用最小火加热至上面有些气泡，翻面，然后继续煎至另一面也变得金黄即可。

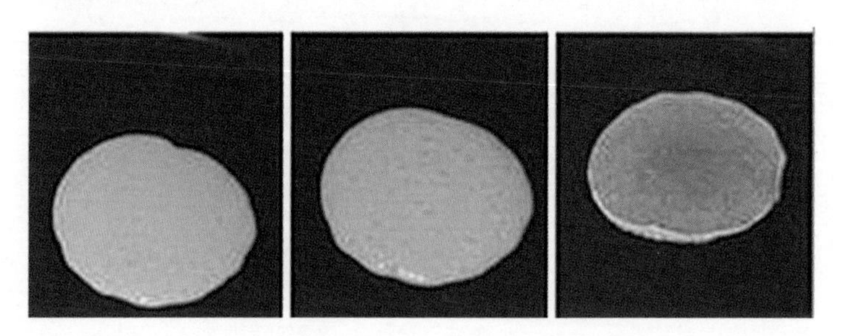

六、 注意事项

（1）调松饼糊时，不宜过度搅拌，否则会影响起发程度和口感。

（2）煎松饼时注意用小火，以防焦黑。

任务二　玛格丽特小饼

一、点心介绍

玛格丽特小饼有个相当长的学名：住在意大利史特雷莎的玛格丽特小姐。关于这名字的来历，据说是一位面点师爱上了一位小姐，于是他做了这种甜点，并把这位小姐的名字作为这款法式甜点的名称。玛格丽特小饼是绝对的新手级饼干，它不会用到繁多的工具，也不需要特殊的材料，外观简单朴实，味道却香酥可口。

二、课前学习

思考制作该款点心为什么建议使用熟蛋黄。

三、加工方法

玛格丽特小饼的加工方法是烤。

四、材料准备

低筋面粉………………100g
玉米淀粉………………100g
黄油……………………100g
熟蛋黄…………………2 个
盐………………………1g
糖粉…………………… 60g

五、做法

（1）在糖粉中加入软化的黄油。

（2）先用橡皮刮刀切拌一下，以防用打蛋器打发时糖粉飞溅。

（3）用电动打蛋器将黄油打发至蓬松。

（4）在黄油中加入捣碎后的熟蛋黄。

（5）将低筋面粉、玉米淀粉、盐过筛后加到黄油糊中，搅拌均匀。

（6）将所有材料和成面团。

（7）将和好的面团放入冰箱冷藏15分钟。

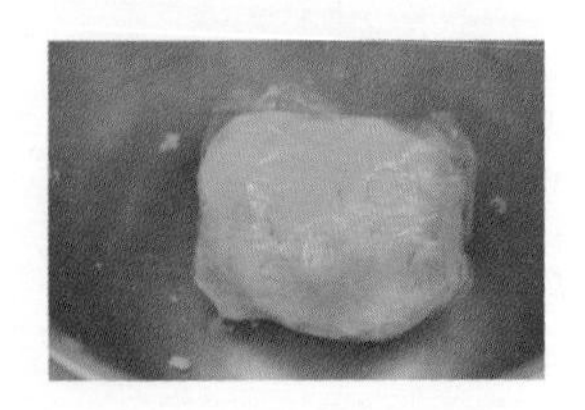

（8）将冷藏的面团分成大小均等的小圆球。

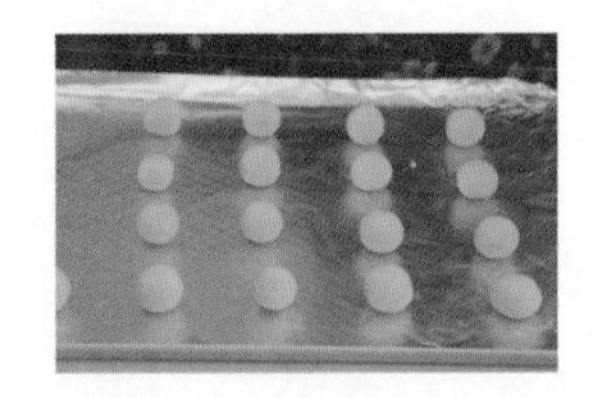

（9）用大拇指按一下面团，使其出现自然裂口即可。

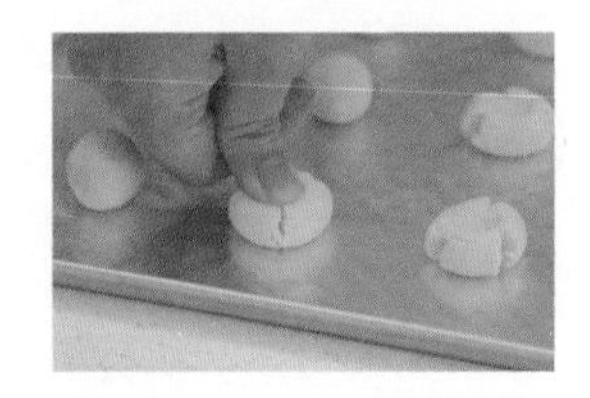

（10）放进烤箱，上下火150℃烤制15分钟即可。

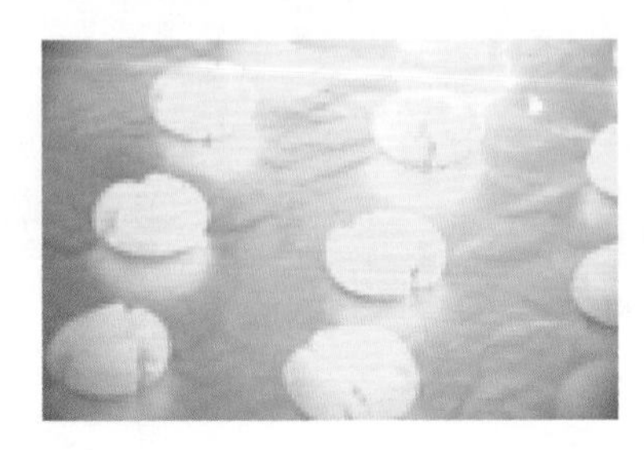

六、 注意事项

(1) 采用熟蛋黄口感更好，裂纹更自然。

(2) 饼干中间的小窝可根据创意添加装饰。

任务三　提子司康

一、 点心介绍

司康（scone）是苏格兰人的速成面包，它的名字是由苏格兰皇室加冕之处的一块有着悠久历史并被称为司康之石或命运之石的石头而来的。它口感比较扎实，稍有嚼头，而且充满了蛋奶的香味。这种口感介乎于面包和饼干之间的小点心，很快成为人们的新宠。

二、 课前学习

司康的口味不必拘泥于原味，形状也不局限于经典的三角形，你会做怎样的创新？

三、 加工方法

提子司康的加工方法是烤。

四、 材料准备

低筋面粉……………………200g
牛奶…………………………90ml
鸡蛋………………………… 40g
黄油………………………… 50g
泡打粉………………………10g
糖粉…………………………30g
葡萄干………………………30g
蛋黄…………………………20g

五、 做法

（1）将低筋面粉和泡打粉混合过筛到盆中。

（2）将软化后的黄油和糖粉一并加入，手动混合均匀。

（3）将鸡蛋和牛奶边慢速混合边加入，制成面团。

（4）将提前泡软的葡萄干加入，轻轻揉匀即可。

（5）将制作好的面团用保鲜膜包起，冷藏一小时。

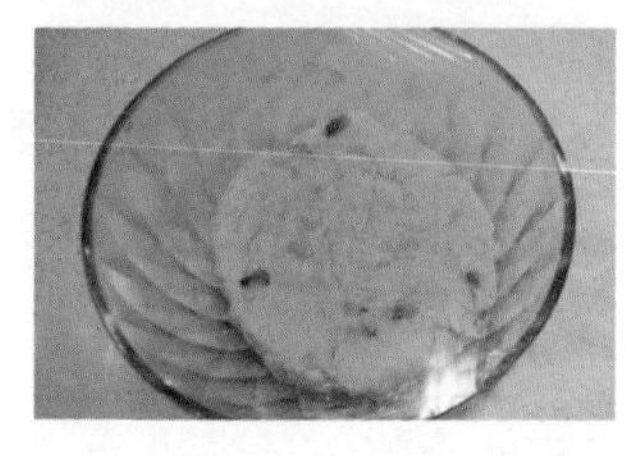

（6）将冷藏好的面团擀制成厚度为 1cm 的薄片。

（7）将面团切割成任意形状，有间隔地摆入烤盘中，表面刷上蛋黄。

（8）用上下火 180℃烤制 25 ~ 30 分钟，烤至表面金黄即可。

六、注意事项

（1）加入低筋面粉后，不可再过度搅拌，否则面团会起筋，影响产品口感。

（2）产品烤制好，被从烤箱中取出时，底部应该是微黄的。

（3）要根据面粉吸水量的不同和温度的差别作调整，冬天要比夏天的面粉量减少10~20g。

任务四　奶香椰子球

一、点心介绍

奶香椰子球又叫椰子酥，制作简单，具有毛茸茸的外表，看起来非常可爱，尝起来椰香四溢，加上浓浓的奶香，跟咖啡的香味搭配起来，堪称完美。

二、课前学习

椰子在点心制作中的应用。

三、加工方法

奶香椰子球的加工方法是烤。

四、材料准备

椰丝…………………… 180g
淡奶油……………………60g
低筋面粉…………………60g
蛋清………………………2个
细砂糖…………………… 60g
奶粉……………………… 50g

五、做法

（1）将淡奶油、低筋面粉、细砂糖、奶粉和150g的椰丝充分混合。

（2）倒入打散的蛋清。

（3）充分搅拌，揉成均匀的面团。

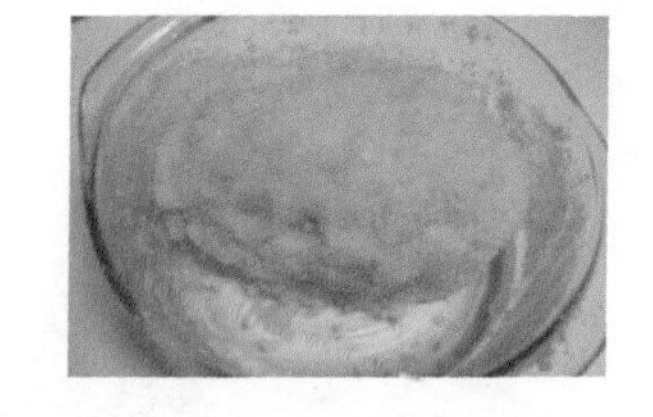

（4）取面团25g左右揉成光滑的小球，放入剩余的椰丝中，让其表面裹上一层椰丝。

（5）用170℃中层烤制25分钟，烤制到表面略上色即可。

六、注意事项

（1）奶粉可用牛奶代替，但在制作的时候要留意面团的干湿程度，注意不能加太多牛奶，以防面糊变稀。

（2）在冬天可以把装着黄油的碗放在热水里保持温度，这样黄油就不容易因为凝固而降低黏性。

任务五 薄烧杏仁

一、点心介绍

这是一款不含糖的咸口饼干，油量相比一般的曲奇也要少很多，淡淡的奶盐味、酥脆的口感、甘香的杏仁片搭配在一起，可算是比较健康的零食，搭配咖啡和水果茶点当早餐或下午茶都不错。

二、课前学习

咸口饼干还有什么品种？

三、加工方法

薄烧杏仁的加工方法是烤。

四、材料准备

低筋面粉………………105g
水 ………………………30ml
黄油 ……………………40g
盐…………………………2g
干酵母……………………1g
杏仁片 …………………30g
鸡蛋液……………………50g

五、 做法

（1）将水和干酵母拌匀，备用。

（2）加入软化的黄油、盐和过筛的低筋面粉。

（3）拌成面团，冷藏松弛1小时。

（4）将面团擀成2mm厚的面片，切成6cm×8cm的长方形。

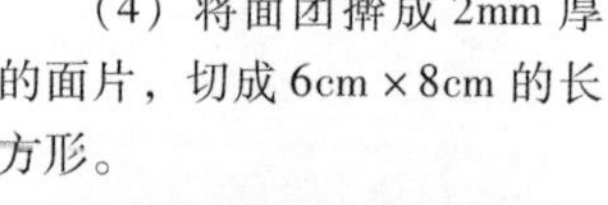

（5）在面片表面刷上鸡蛋液，粘上杏仁片。

（6）以上下火180℃/170℃烘烤25分钟左右。

六、 注意事项

擀面片时不能擀得太厚，以防口感不酥脆；也不宜擀得太薄，以防破损。

项目六

咖啡类点心

咖啡类点心

项目六

任务一　提拉米苏

一、 点心介绍

提拉米苏译自“Tiramisu”，是一款有名的意大利甜点，风靡各大蛋糕店以及许多咖啡馆。该款蛋糕加入了意式浓缩咖啡、马斯卡彭芝士和手指饼干，咖啡散发出来的苦味与糖、芝士、鸡蛋融合所带出的甜味夹杂在一起，吃到嘴里能感受到香、滑、甜、腻，柔和中带有质感的变化，一层层演绎到极致。建议搭配一杯具有绵密奶泡、奶味十足的卡布奇诺咖啡，增强这款蛋糕的余韵，这是咖啡馆下午茶热销组合之一。

二、 课前学习

了解芝士的几个品种，以及不同品种的芝士适合做什么点心。

三、加工方法

提拉米苏的加工方法是烤、冷藏。

四、材料准备

马斯卡彭芝士 ………… 250g
淡奶油 …………………… 110g
手指饼干 ………………… 80ml
细砂糖 …………………… 130g
意式浓缩咖啡 ………… 50ml
朗姆酒 …………………… 80ml
水 ………………………… 80ml
香草油 …………………… 2 滴
蛋黄 ……………………… 40g
6 寸海绵蛋糕片 ……… 1 片
可可粉 …………………… 适量

五、做法

（1）把 80g 细砂糖加入水中加热溶解，放凉后加入刚做好的意式浓缩咖啡和朗姆酒搅拌均匀，咖啡酒浆即可完成。

（2）在剩余的细砂糖中加入蛋黄搅拌均匀，把容器放在装有 80℃热水的盆中隔水加热，搅拌至细砂糖融化。

（3）用电动打蛋器打发淡奶油至表面出现纹路；芝士也用电动打蛋器打发至松发，然后加入打发好的淡奶油以及蛋黄糖溶液搅拌均匀，制成芝士糊。

（4）为6寸模具的活底包上锡纸，以使其更容易脱模，在底部铺上一块海绵蛋糕，在蛋糕片上倒入1/2的芝士糊，将手指饼干快速在咖啡酒浆里浸润并平铺在芝士糊上，倒入剩下的芝士糊。

（5）用刮刀抹平表面，用保鲜膜封好，放进冰箱冷藏5小时，取出，脱模，用手指饼干围边，然后在表面均匀地撒上可可粉，放上几片薄荷叶或者水果作装饰即可。

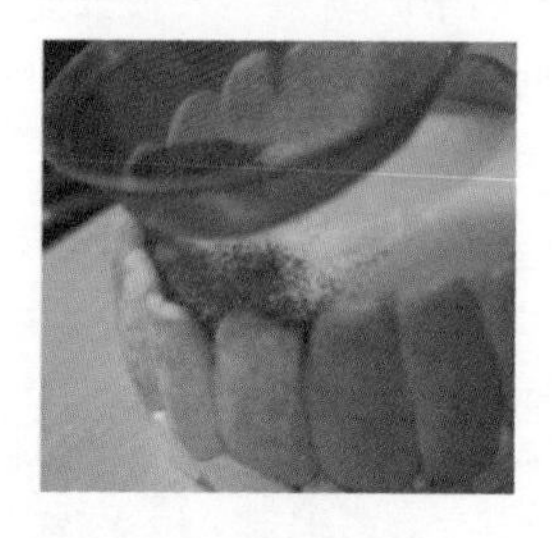
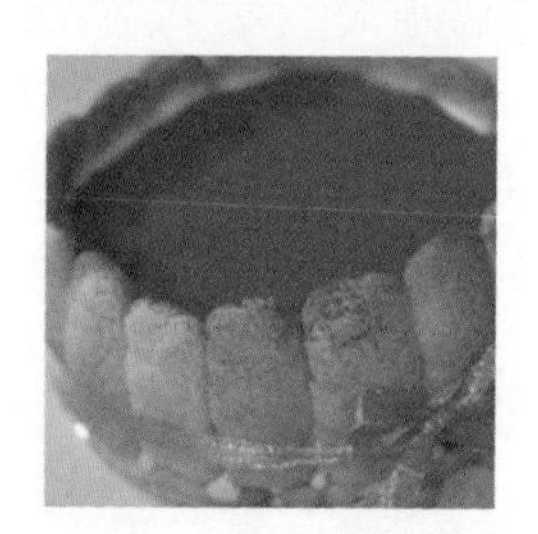

六、 注意事项

（1）选用的鸡蛋必须是新鲜的，不新鲜的鸡蛋容易变质。芝士糊是不需要加热的。

（2）脱模的时候，用热毛巾包住蛋糕模四周，轻轻按压，有利于脱模。

（3）筛可可粉和糖粉的时候要注意，一定要少量地筛，保证均匀。表面除了可以撒上“Tiramisu”的字样，还可以用印有镂空花纹的糖粉筛子做出各种喜欢的图案。

知识链接

什么是芝士

Cheese，奶酪、乳酪、干酪，芝士、起士、起司，众多不同的翻译说的其实都是这种以牛奶为原料制作的美味食材。芝士是非常重要的原料，每个烘焙爱好者都或多或少地要与它打交道。每公斤芝士制品都由10公斤的牛奶浓缩而成，含有丰富的蛋白质、钙、脂肪、磷和维生素等营养成分，是纯天然的食品。就工艺而言，芝士是发酵的牛奶；就营养而言，芝士是浓缩的牛奶。以下是几款烘焙常用芝士：

（1）奶油芝士。这种芝士最常用，英文是“Cream Cheese”，呈乳白色固体状。一般情况下冷藏保存，使用的时候直接在室温下软化打发即可。如果拆封后打算久存，可以采用冷冻保存的方式，但是使用的时候需要隔水加热搅打至顺滑后再用。我们所熟知的非常美味的芝士蛋糕里用到的就是这种芝士，另外有些慕斯蛋糕中也会用到它。

（2）马苏里拉芝士。烘焙中也较常用到这种芝士，英文是“Mozzarella Cheese”，呈淡黄色固体状，冷冻保存，主要用于制作披萨。它在冷冻状态下和黄油很类似，但是常温下软化后是有胶质感并带有弹性的固体，不同于黄油软软的质感。市场上通常能买到的有块状和丝状，好的马苏里拉芝士做出来的披萨能拉出很长的丝。另外焗饭、焗面等也会用到这种芝士。

知识链接

（3）马斯卡彭芝士。制作提拉米苏的主要材料之一，英文是“Mascarpone Cheese”，呈乳白色半固态，冷藏保存，开封后最好在三天内用完。它看上去和奶油芝士相似，但是质地上相对来说更软一些。

（4）切达芝士。英文是“Cheddar Cheese”。通常切达芝士的颜色从白色到浅黄色不等，味道有甜有咸，常用来制作面包、饼干等食物或者用作汉堡奶酪夹心层，保质期较长。

任务二　咖啡面包

一、点心介绍

咖啡面包融合了小麦香、奶香和咖啡的滋味，面团松软，表皮酥脆，做法与菠萝包相似，同样是裹上一层面糊。面糊的作用主要是为面包提供酥脆口感，因此面糊制作也是影响这款面包口味的重要因素。建议搭配手冲咖啡，可以作为咖啡馆提神早餐的推荐。

二、课前学习

做好的面包如何储存才能延长食用期限。

三、加工方法

咖啡面包的加工方法是烤。

四、材料准备

面团材料：

高筋面粉……………………240g
低筋面粉…………………… 60g
细砂糖…………………… 35g
牛奶……………………… 170ml
鸡蛋……………………… 50g
黄油……………………… 40g
盐………………………………4g
速溶干酵母…………………5g

咖啡墨西哥面糊材料：

黄油…………………………45g
糖粉…………………………45g
鸡蛋…………………………40g
低筋面粉……………………38g
速溶咖啡粉……………… 4g
热水…………………… 15ml
切碎的腰果…………… 适量

五、做法

（1）把牛奶温热，加入10g细砂糖，与干酵母搅拌均匀，静置5～10分钟。

（2）把酵母牛奶液加入除了黄油之外的面团材料中，揉成团，直至揉成薄膜扩展状态，在室温下发酵到2.5倍大，把发酵好的面团排出空气，分成10份揉圆，再发酵15分钟。

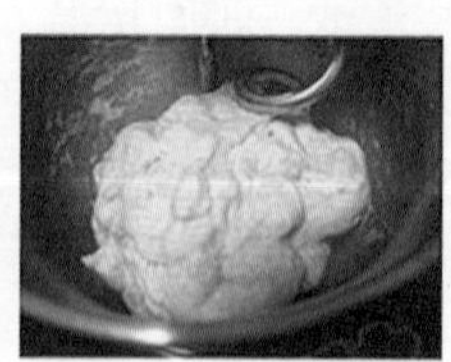
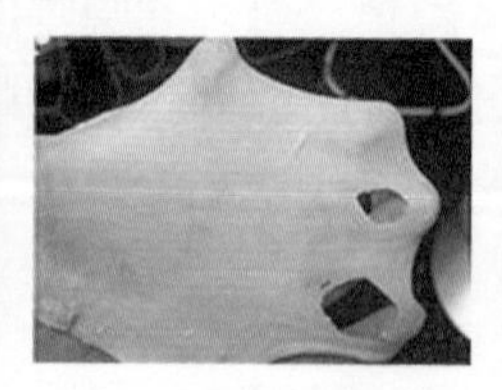
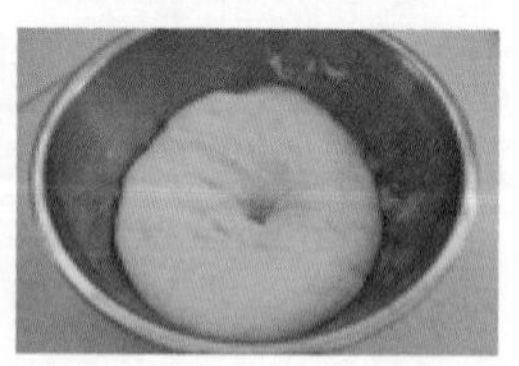

（3）15 分钟后，再次将面团揉圆，把面团放入面包纸托内，进行第二次发酵。

（4）等待面包发酵的过程中可制作咖啡墨西哥面糊。先用 15ml 开水溶解速溶咖啡粉。将溶解后的咖啡液、糖粉、软化的黄油都倒入大碗，用打蛋器搅拌均匀。

（5）分三次加入打散的鸡蛋液搅拌均匀。

（6）倒入低筋面粉，直接用打蛋器搅拌成光滑面糊。把切碎的腰果倒入面糊（也可换成其他坚果），搅拌均匀，即成咖啡墨西哥面糊。

（7）面团发酵到 2 倍大以后，将咖啡墨西哥面糊装入裱花袋，裱花袋前段剪一个大小适宜的孔，把面糊用画圈的方式挤在面团表面，不要挤满，覆盖表面 1/2 的面积即可。放入预热好 180℃的烤箱，烤 15 分钟左右即可出炉。烤的过程中，咖啡墨西哥面糊会融化并流下来，将整个面包表面覆盖住。

六、注意事项

（1）如果没有面包纸托，可将整形好的圆形面团直接放在烤盘上发酵并烘焙。

（2）要选用纯的速溶咖啡粉，不要使用加了奶精和糖的咖啡粉。

（3）咖啡墨西哥面糊里的腰果要尽量切细，生腰果要提前烤熟。

（4）挤咖啡墨西哥面糊的时候要适量，如果挤得太多，多余面糊将积聚在面包的底部。

任务三　咖啡布丁

一、 点心介绍

咖啡布丁是具有浓郁咖啡牛奶口味的布丁，香滑滋润，入口即化，浓浓的咖啡香在口腔中散发，甜蜜冰凉，制作方法也是非常方便快捷，对于不喜欢吃糕类点心的客人来说，是个不错的推荐。冷冻后的布丁再搭配一杯美式冰咖啡，可作为夏天的特别推荐组合。

二、 课前学习

为了让布丁凝固，制作过程中是否必须加入吉利丁粉？

三、 加工方法

咖啡布丁的加工方法是烤。

四、 材料准备

速溶咖啡粉………………………… 8g
鸡蛋………………………………50g
蛋黄………………………………50g
牛奶……………………………200ml
细砂糖……………………………45g

淡奶油…………………………… 100g
咖啡酒…………………………… 10ml
水………………………………… 10ml

五、做法

（1）速溶咖啡粉用热水融化均匀，形成咖啡液。

（2）细砂糖和牛奶混合加热，使细砂糖融化，然后把牛奶倒入咖啡液中搅拌均匀。

（3）用打蛋器把鸡蛋打散，加入牛奶咖啡液和淡奶油、咖啡酒搅拌均匀，再用滤网过筛。

（4）烤箱调至180℃，预热10分钟。将布丁液倒入准备好的模具当中。在预热好的烤盘中注入温水，高度在烤盘的2/3左右，将装好布丁液的模具浸入烤盘的水中，关好烤箱门，用180℃烤制20分钟。

（5）出炉后冷却，放入冰箱冷藏后再食用味道更好。

六、注意事项

（1）奶油的加入是为了增强布丁口感，所以为了保证质量，不能以牛奶代替。

（2）在烤制布丁的时候要在烤盘加水，使布丁保持水分，不会因长时间的烤制而使表面焦化或出现褶皱，有利于保持美观和增加滑感。

任务四　咖啡布朗尼

一、点心介绍

布朗尼是一款具有浓郁巧克力风味又极具甜感的重油蛋糕，一直以来都深受欧美人的喜爱，但是国内人士总觉得普通的布朗尼偏甜，多吃易腻。咖啡布朗尼加入了浓缩咖啡，咖啡的苦味刚好使这款糕点的甜味得到中和，另外，其中还加入了核桃仁。它湿润厚实的口感、浓郁的巧克力香夹杂着丝丝的咖啡香和坚果香味，再配上一杯榛果拿铁，对于喜欢巧克力的人绝对是很好的搭配选择。

二、课前学习

布朗尼的做法与一般蛋糕有哪些不同？

三、加工方法

咖啡布朗尼的加工方法是烤。

四、材料准备

黑巧克力……………………60g
黄油……………………………25g
细砂糖…………………………25g
意式浓缩咖啡…………… 15ml
高筋面粉……………………20g
鸡蛋……………………………50g
可可粉………………………… 5g
核桃碎…………………………20g
盐………………………………0.5g

五、做法

（1）将黄油和黑巧克力切成小块装入大碗，隔水加热并不断搅拌，直到融化成液态。从水里拿出来后，加入细砂糖和盐搅拌均匀。

（2）加入打散后的鸡蛋，搅拌均匀。

（3）再加入意式浓缩咖啡，搅拌均匀。

（4）将可可粉和高筋面粉混合后，筛入巧克力糊里。

（5）用打蛋器继续搅拌均匀，使面粉完全湿润并和巧克力糊融合。

（6）倒入切碎并事先烤香的核桃碎，搅拌均匀即成布朗尼面糊。

（7）把布朗尼面糊倒入抹了油的模具里，九分满即可。

（8）把模具放入预热好 180℃的烤箱，烤 25 分钟左右，直到布朗尼面糊完全膨胀起来，表面微微开裂。从烤箱取出冷却脱模后，放入冰箱冷藏 4 个小时以上再切块食用。

六、注意事项

（1）传统的布朗尼是一种非常简单的巧克力蛋糕。它不需要打发鸡蛋，也不需要添加泡打粉等膨松剂，因此具有厚实而浓郁的口感。

（2）煮意式浓缩咖啡需要专用的咖啡机，如果没有咖啡机，可以将 2g 的速溶咖啡粉溶解在一大勺热水（15ml）里，代替配方里所需的意式浓缩咖啡。（注意，是纯速溶咖啡粉，不是加了糖和奶的咖啡粉）

（3）布朗尼在烤的时候会受热膨胀得比较高，但出炉冷却后会回落到大概与模具齐平的位置。布朗尼因为巧克力含量高，面粉用量少，刚烤出来的时候，内部是十分柔嫩的，在冰箱冷藏 4 个小时以后，才能切片。

（4）用高筋面粉制作布朗尼口感更佳。

任务五　咖啡小圆饼

一、 点心介绍

咖啡小圆饼是一款带有浓郁花生风味的小点心，入口非常松脆酥香，制作方法也比较简单，是一个非常快捷的练手点心。建议搭配一款榛果风味的拿铁或者具有浓郁风味的哥伦比亚咖啡。

二、 课前学习

为什么部分点心会用到熟面粉？

三、 加工方法

咖啡小圆饼的加工方法是烤。

四、 材料准备

熟面粉……………………………100g
黄油………………………………50g
糖粉………………………………30g
速溶咖啡粉………………6g
花生酱……………………45g
盐…………………………2. 5g
水…………………………10ml

五、 做法

（1）黄油软化以后，加入糖粉、盐，用打蛋器打发，直到颜色发白、体积膨大。

（2）在打发好的黄油里加入花生酱。

（3）继续用打蛋器混合均匀。

（4）熟面粉过筛后，加入速溶咖啡粉，混合搅拌均匀。（熟面粉即炒熟的面粉，把面粉倒入锅里，用小火翻炒，直到颜色略微发黄、闻到香味即可。冷却后使用）

（5）把面粉混合物倒入黄油里。

（6）用手抓匀成为面糊。面糊的状态应该是较松散，但用手捏的话能够成团。

（7）把面糊捏成小圆饼形状，排在烤盘上。

（8）放入预热好 180℃的烤箱，烤 15 分钟左右即可出炉。

六、 注意事项

（1）这款饼干用到了熟面粉。使用的面粉是中筋面粉。炒 100g 熟面粉的时候，要用比 100g 稍多的面粉来炒，因为面粉内含有水分，炒的过程中水分挥发，炒完后的面粉会比炒之前的轻。

（2）花生酱一般有幼滑型和颗粒型两种。推荐使用颗粒型，更具有口感。

任务六　摩卡泡芙

一、 点心介绍

泡芙是一种西式甜点，蓬松张孔的奶油皮包裹着奶油、巧克力、咖啡甚至冰淇淋，吃起来外热内冷，外酥内滑，口感极佳，可在表面撒上一层糖粉，还可放干果仁或巧克力淋酱。这款摩卡泡芙加入了多种坚果，风味浓郁，搭配一杯摩卡或者焦糖玛奇朵，将受到女性消费者的青睐。

二、 课前学习

什么样的点心被称为泡芙?

三、 加工方法

摩卡泡芙的加工方法是烤。

四、 材料准备

泡芙材料：

牛奶…………100ml

水…………100ml

咖啡酥皮材料：

细砂糖………150g

黄油…………100g

咖啡奶油馅材料：

牛奶……………150ml

香草荚……………1 支

盐……………3.5g
细砂糖…………4g
黄油………… 80g
高筋面粉…… 24g
低筋面粉…… 80g
鸡蛋…………140g

鸡蛋………… 30g
杏仁粉………100g
低筋面粉……100g
速溶咖啡粉……10g

蛋黄………………80g
细砂糖…………360g
水………………70ml
蛋清……………100g
淡奶油…………600g
意式浓缩咖啡…20ml

五、做法

泡芙的做法：

（1）将牛奶、水、盐、细砂糖、黄油放进锅里，用中小火煮至冒小泡。

（2）将低筋面粉、高筋面粉过筛加入牛奶里，迅速搅拌均匀至无颗粒状态，再放回锅里，加热，不停翻拌，直至底部有一层薄膜，倒入一个盆里，降温至56℃～60℃，分次加入鸡蛋，慢速打均匀。

（3）将面糊放进裱花袋，挤出直径3cm的圆形面糊，在面糊表面喷水，防止爆裂。放上一块同样大小的酥皮，压紧，放入165℃的烤箱烤20～35分钟。

咖啡酥皮的做法：

将细砂糖、软化黄油搅拌至霜状，加入蛋液搅拌均匀，再加入粉类搅拌混合成团，揉成长条状，冷冻4小时，切成0.5cm的薄片，即做成咖啡酥皮。

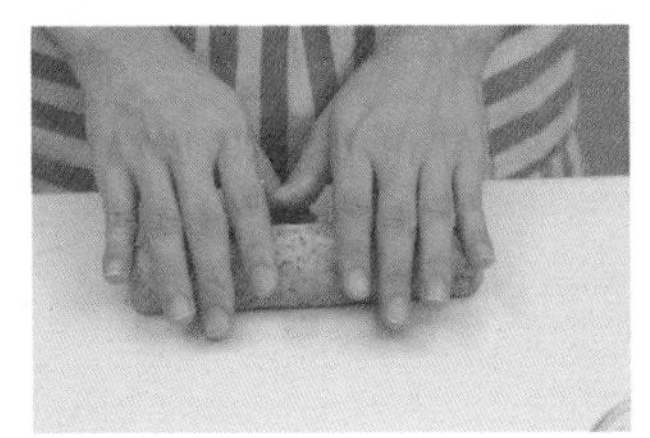

咖啡奶油馅的做法：

（1）香草荚取出籽，加入牛奶中，放入锅中用小火煮沸腾。

（2）将蛋黄、160g细砂糖搅拌均匀，加入香草牛奶中，煮至83℃，离火，即成蛋奶酱。

（3）将剩余细砂糖、水放入锅中，以中小火煮至约110℃，煮成黏稠糖浆。

（4）将蛋清用电动打蛋器打至中性发泡，再慢慢在煮好的糖浆中加入蛋清，继续打发至八分满。

（5）将打发的蛋清加入蛋奶酱，搅拌均匀，降温至40℃，再加入打发的淡奶油，搅拌均匀，最后加入意式浓缩咖啡，搅拌均匀，即做成咖啡奶油馅。

整体的做法：

将烤好的泡芙切开上下两半，挤入咖啡奶油馅即可。

六、注意事项

（1）面粉必须烫熟，烧开牛奶，立即倒入面粉，烫面糊的时候要不停搅拌，以免产生面粉夹生现象。

（2）做泡芙前，要把鸡蛋从冰箱里提前拿出来，升至室温后才可以操作，否则会加大面糊中淀粉的黏性，而使面糊变硬。

（3）面糊不烫手了，就要马上挤入烤盘，随着面糊温度的下降，挤面糊会变得逐渐费劲，如果用的是普通裱花袋，甚至会把裱花袋挤破。挤泡芙要一次成型，否则泡芙会产生裂缝。

（4）鸡蛋要分次加入面糊，分量视面糊的稀稠程度而定，如果鸡蛋加入得太多，泡芙容易塌陷；如果加入得太少，则口感不好，会变软。

（5）在烘烤的时候一定不要打开烤箱，泡芙遇冷容易回缩，从而停止膨胀。

任务七　卡布奇诺杯子蛋糕

一、点心介绍

卡布奇诺杯子蛋糕起源于英国，原本是为了消耗做大蛋糕剩下来的面糊而将其倒到杯子中烘焙成杯子造型，再在表面涂上奶油、糖霜和糖果等装饰成小巧可爱的杯子蛋糕。杯子蛋糕有戚风蛋糕和海绵蛋糕两种，口感松软，质地较轻，是下午茶点心的首选。

二、课前学习

卡布奇诺的做法是怎样的？

三、加工方法

卡布奇诺杯子蛋糕的加工方法是烤。

四、材料准备

黄油……………………280g
低筋面粉………………230g
可可粉…………………50g
细砂糖…………………140g
红砂糖…………………140g
鸡蛋……………………250g
速溶咖啡粉……12g（溶入15ml开水中，冷却）
泡打粉……………………………………3g
淡奶油…………………………………150g
速溶咖啡粉或可可粉……………………适量

五、做法

（1）黄油软化以后，加入细砂糖和红砂糖，用电动打蛋器先低速搅拌到黄油和糖混合均匀，再高速打发，直到黄油颜色变浅，体积膨松。

（2）在打发的黄油里加入打散的鸡蛋。至少分三次加入，每一次加入鸡蛋后，都要搅拌到黄油和鸡蛋完全融合，再加下一次。

（3）鸡蛋全加入以后，所得到的黄油鸡蛋糊应该是顺滑的，尽量避免油蛋分离。

（4）将速溶咖啡粉用15ml开水溶解并冷却后，倒入步骤（3）的混合物中，并搅拌均匀。

（5）低筋面粉、可可粉、泡打粉混合过筛后，倒入步骤（4）的混合物中并搅拌均匀，得到蛋糕面糊（可以使用电动打蛋器的低速挡搅拌，得到顺滑均匀的面糊即可，不要过度搅拌）。把蛋糕面糊倒入烤盘（烤盘事先涂抹一层黄油），放进预热好的烤箱中层，上下火180℃烤25～30分钟。

（6）蛋糕烤好后，取出冷却至常温，在表面挤上打发的淡奶油和撒上咖啡粉或可可粉装饰。

六、注意事项

（1）红砂糖可以增加蛋糕风味，也可增加蛋糕的色泽。如果没有红砂糖或者不喜欢红砂糖的味道，可以用等量细砂糖代替。

（2）速溶咖啡粉指纯咖啡粉，不是加了糖和咖啡伴侣的1+2速溶咖啡粉。

（3）黄油打发的程度很关键，如果打发不够，蛋糕膨发的高度会不足，组织也不够松软细腻；若打发过度，则烤好的蛋糕容易塌陷。

（4）蛋糕烤好以后，越快脱模越好。否则蛋糕内部的热气散发不出去，会导致蛋糕边缘回缩。但要注意别烫到手。

（5）此蛋糕分量比较大，第一次制作的时候建议适当减量，用比较小的烤盘或者其他模具来做（如小的水果条模具）。

（6）烤的时间要把握好，如果烤过头了，蛋糕的表面会很硬。

项目七
三明治类轻食

三明治类轻食

项目七

任务一　公司三明治

一、轻食介绍

公司三明治（Club Sandwich），也叫会所三明治，是用煎蛋、火腿、蔬菜、芝士、烟肉和番茄等各式食材制作而成的。多制成双层形式，切成四等份，并用牙签穿好。公司三明治来自美国纽约州萨拉托加县的萨拉托加温泉市（Saratoga Springs，New York），大约在 19 世纪，那里的赌场开始提供这种食物。

二、课前学习

了解三明治的种类与特点。

三、加工方法

公司三明治的加工方法是烤、夹。

四、材料准备

吐司材料：

高筋面粉……………………300g
细砂糖……………………18g
盐…………………………6g
奶粉………………………6g
干酵母……………………3g
鸡蛋………………………15g
牛奶………………………60ml
水…………………………130ml
黄油………………………15g

夹层材料：

生菜叶……………………2 片
煎蛋………………………1 只
烤熟的培根………………2 片
番茄片……………………3 片
熟鸡胸肉…………………3 片
蛋黄酱……………………适量
黄油………………………适量

五、做法

吐司的做法：

（1）牛奶和干酵母混合均匀，倒入打散的蛋液，加入糖、盐，混合均匀，倒入高筋面粉。

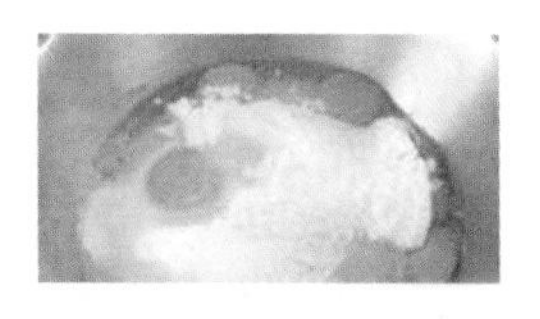

（2）将所有材料揉成面团，将黄油一点点揉入面团，继续揉至完全光滑、能拉伸成薄膜。

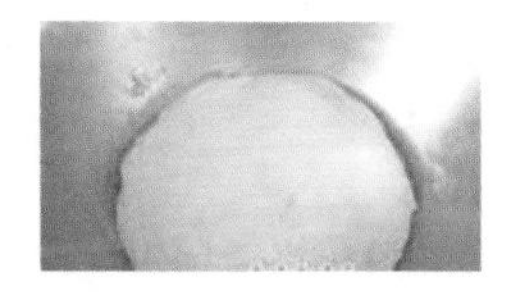

（3）为面团盖上保鲜膜或者湿布，放在温暖的地方，发酵至两倍大。

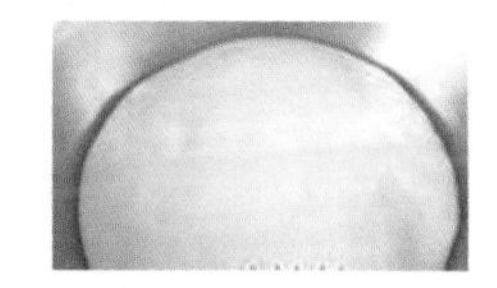

（4）发酵完后，取出，排气，分成三等份，滚圆，覆盖保鲜膜继续发酵 15 ~ 20 分钟。

（5）取一个面团，擀成牛舌状。

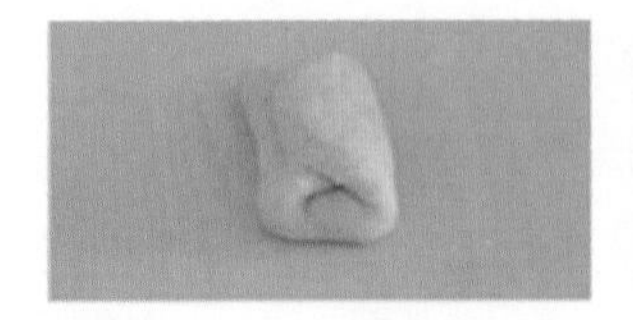

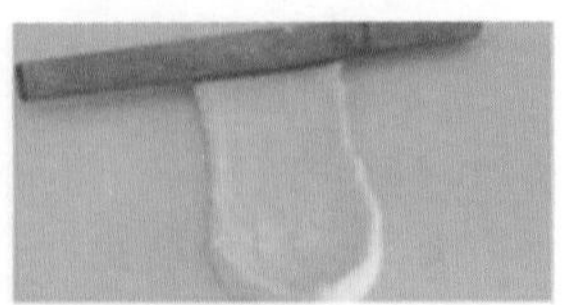

（6）翻面卷起，捏紧收口处，松弛 10 分钟，重复步骤（5）和步骤（6）两次。

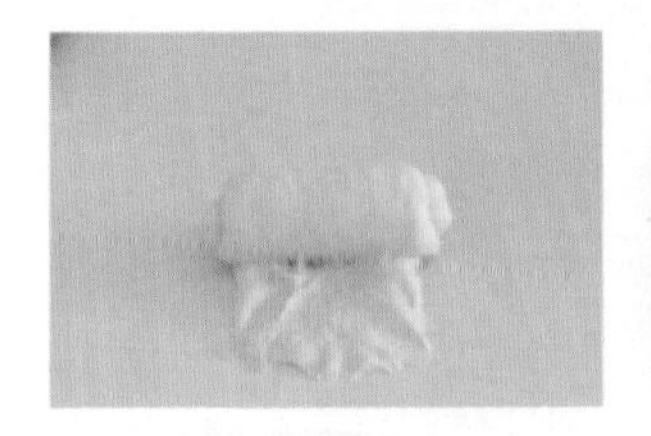

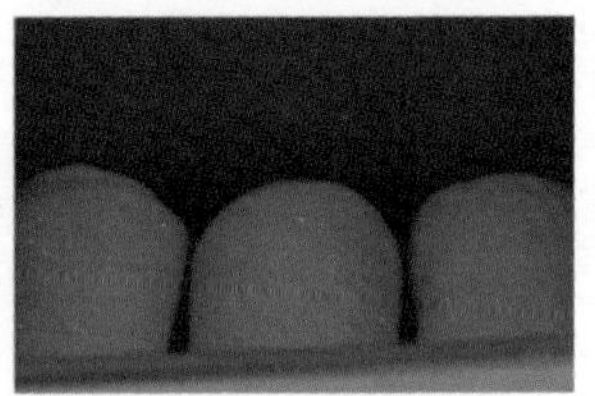

（7）放入吐司盒发酵至八分满，盖上吐司盖。

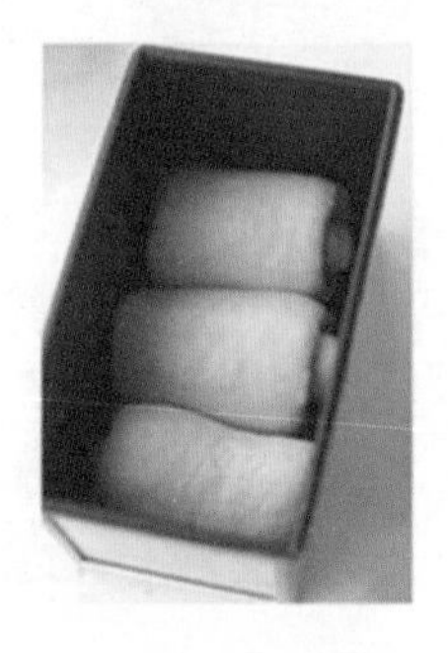

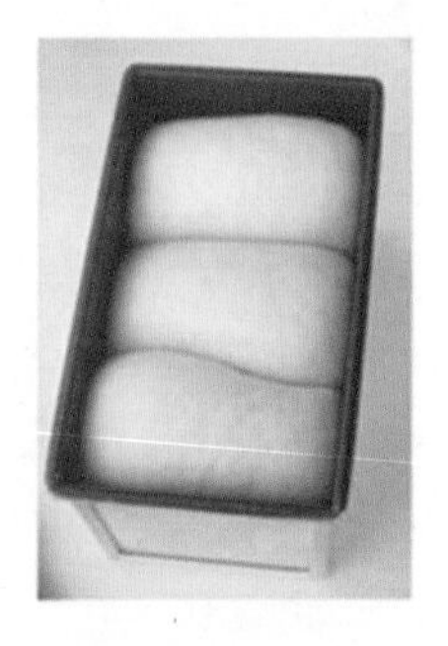

（8）放入烤箱用 180℃烤 40 分钟左右，烤好后脱模切片备用。

整体的做法：

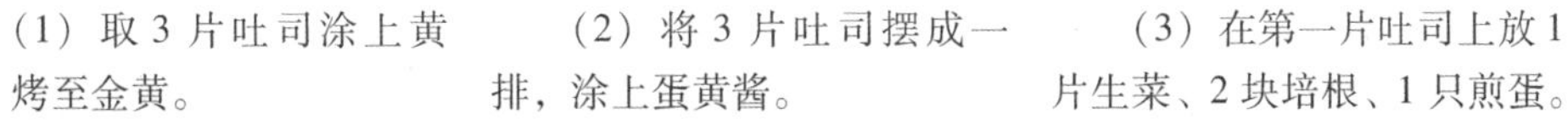

（1）取3片吐司涂上黄油，烤至金黄。

（2）将3片吐司摆成一排，涂上蛋黄酱。

（3）在第一片吐司上放1片生菜、2块培根、1只煎蛋。

（4）将第二片吐司以涂蛋黄酱一面朝下的方式摆放在第一片吐司上，上面再涂上蛋黄酱，并放上1片生菜、3片熟鸡胸肉、3片番茄。

（5）将第三片吐司放在第二片吐司上，同样以涂蛋黄酱一面朝下的方式摆放。

（6）确保3片吐司已叠整齐，用粗齿刀切去三明治四周的吐司边。

（7）对角将三明治切成4块三角形，用一根竹签从中部插入每块三明治以使其牢固。

（8）在三明治边缘放装饰品，可配炸薯条等小吃。

六、注意事项

（1）制作吐司时宜选用高筋面粉。

（2）夹层材料可以稍作调整，但在铺放时要注意颜色、口味的搭配。

任务二　帕尼尼意式三明治

一、轻食介绍

帕尼尼（Panini）是意大利的一种传统三明治，它的做法是用意大利式的佛卡夏面包（Focaccia）或拖鞋包（Ciabatta）夹着蔬菜馅料，再以专用的带有条纹的帕尼尼机器烘烤，将面包压出漂亮的纹路，经过加热后，外皮也变得酥香。其结合着传统的美味与现代的新鲜、健康及便利理念，风行于欧洲及美国东部。

二、课前学习

了解意大利的面食。

三、加工方法

帕尼尼意式三明治的加工方法是烤、夹。

四、材料准备

拖鞋包材料：

高筋面粉………………　400g
水……………………300ml
酵母……………………　8g
橄榄油…………………　30ml
盐………………………　8g

夹层材料：

火腿片……………………2 片
番茄片……………………2 片
生菜叶……………………2 片
芝士片……………………1 片
蛋黄酱…………………　适量
番茄酱…………………　适量

五、做法

拖鞋包的做法：

（1）将一半面粉、一半盐、一半水和一半酵母在碗中混合。

（2）将混合好的材料倒入电动搅拌机，用钩形搅拌桨慢速挡搅拌 5 分钟。

（3）取出面团，用手揉搓至表面光滑，将面团放入抹了油的碗中，盖上保鲜膜，发酵 6 小时成面种备用。

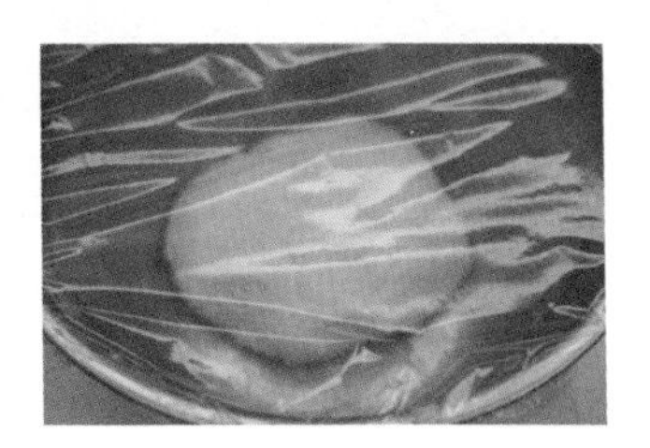

（4）将剩下的面粉、酵母、橄榄油和面种一同放入搅拌机用慢速挡搅拌均匀。

（5）将剩下的盐溶于水，边搅拌边在面团中逐渐加入盐水，搅拌6～10分钟，直至面团能拉成薄膜。

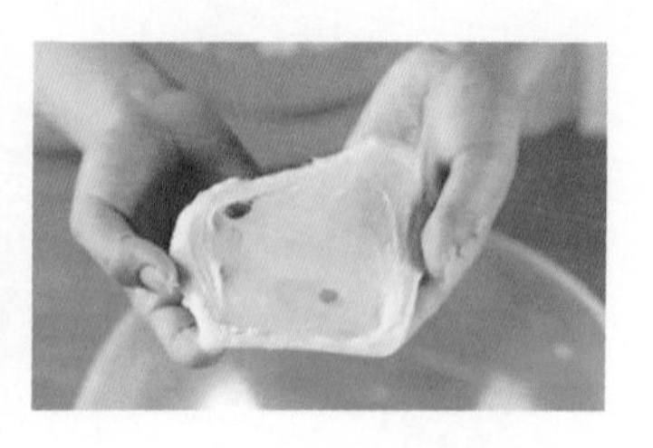

（6）将面团放在醒发箱内静置约1小时，待其体积大约增加2倍后，取出。

（7）将面团整理成约2cm厚、12cm长、6cm宽的长方形。

（8）将面团放在烤盘上醒发。

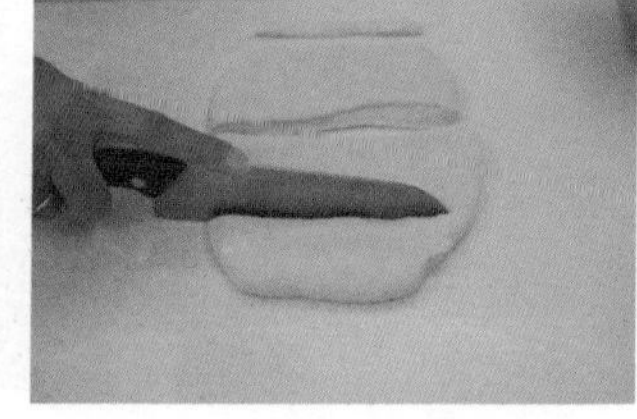

（9）待面团完全醒发后，表面撒上面粉，放入烤箱。

（10）用上下火210℃烤至面包上色均匀后取出即成。

整体的做法：

（1）用齿刀将拖鞋包切开，挤上番茄酱和蛋黄酱。

（2）夹入生菜叶、番茄片、芝士片、火腿片，整理好外形即可。

六、注意事项

（1）面种在室温25℃的情况下发酵时间为6小时，发酵时间可根据不同气温作调整。

（2）若有专用的帕尼尼机器，在整体制作完成后，放入帕尼尼机器中加热至外皮酥香、芝士片稍融化，则口感更佳。

任务三　口袋三明治

一、轻食介绍

口袋三明治是一款将馅料夹入皮塔饼中的三明治。皮塔饼是一种起源于中东及地中海地区的美食，最大的特点为烤的时候面团会膨胀起来，形成一个中空的面饼，看着跟一个口袋似的，故将用其制作的三明治称“口袋三明治”。丰富的馅料配上浓郁的酱汁，使这款三明治格外香浓美味。

二、课前学习

了解中东口味的馅料。

三、加工方法

口袋三明治的加工方法是烤、夹。

四、材料准备

皮塔饼材料：

高筋面粉……………125g
全麦面粉…………… 25g
水……………………105ml
酵母……………………3g
盐………………………3g
细砂糖…………………5g

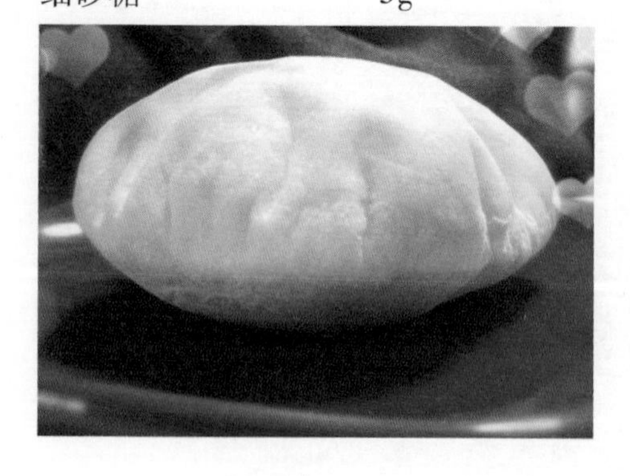

馅料材料：

植物油……………………30ml
姜………………………… 50g
蒜瓣……………………… 4 粒
胡萝卜…………………… 1 根
洋葱……………………… 1 个
黑胡椒粉…………………适量
盐…………………………适量
姜粉………………………15g
辣椒粉………………………5g
五香粉………………………2g
番茄酱……………………60g
番茄……………………… 1 个
热狗……………………150g
香菜………………………适量

五、 做法

皮塔饼的做法：

（1）将所有皮塔饼材料倒入搅拌机内。

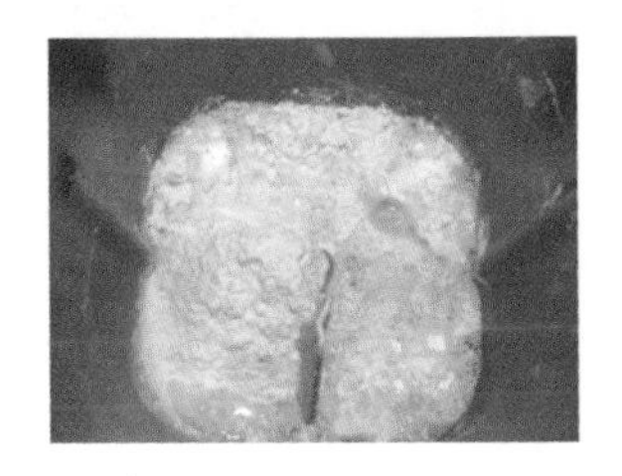

（2）用钩形搅拌桨中速挡搅拌5分钟，打成光滑的面团，覆盖保鲜膜，室温下醒发30分钟。

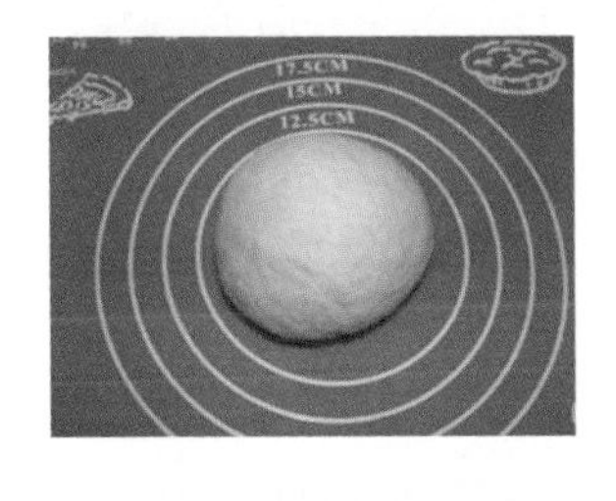

（3）基础发酵好的面团会变得光滑。

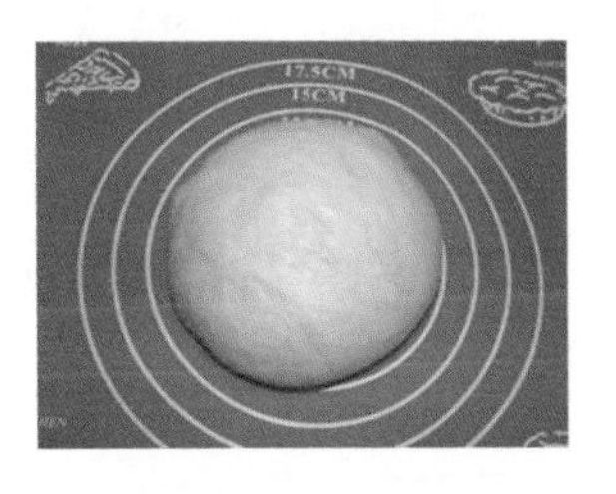

（4）将面团分成四等份，一一滚圆，覆盖保鲜膜，再发酵15分钟。

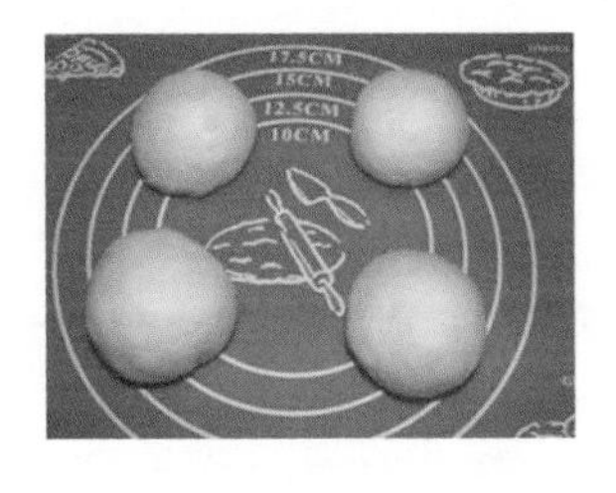

（5）将小面团擀成直径10cm左右的圆薄饼，最后发酵30分钟。

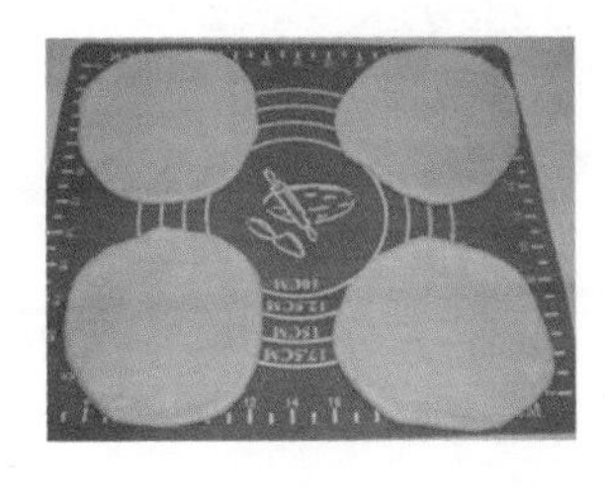

（6）烤箱预热250℃，烤盘也放在烤箱里同时加热；把发酵好的面饼连同烤盘垫一起放在烤热的烤盘上。

（7）用上下火230℃烤5分钟，面饼即可烤熟并膨胀起来。

（8）稍凉后对半切开备用。

整体的做法：

（1）将洋葱切丁，蒜瓣、姜切末，胡萝卜切丝备用。

（2）在锅中加入油，油热后，加入洋葱、蒜蓉、姜蓉、胡萝卜丝，加适量的盐和黑胡椒粉调味，炒至洋葱变软，边缘微焦化。

（3）加入姜粉、辣椒粉和五香粉，炒匀，再加入切丁的番茄和番茄酱，翻炒均匀，最后加适量盐和黑胡椒粉调味。

（4）加热切片的热狗，加入1/4杯的水，加盖用中火煮至水分收干。

（5）将做好的热狗洋葱胡萝卜馅放入切开的皮塔饼内即可。

六、注意事项

（1）预热烤箱的时候，将刷了橄榄油的烤盘一起放入烤箱预热，使烤盘滚烫。将面团擀好后，立刻放在滚烫的烤盘上，放入烤箱里烘烤，这样才能使皮塔饼更好地膨胀起来。

（2）烤皮塔饼要使用高温快速烘烤的方式。

（3）皮塔饼冷却以后应该是软的。若皮塔饼冷却以后发脆，说明烘烤的时间过长。

任务四 基础汉堡面包坯

一、轻食介绍

要想做一款好吃的汉堡，面包坯的质量非常重要。很多西餐厅和咖啡馆都会选择超市卖的袋装基础汉堡面包坯，这的确很方便，但价格也不便宜，有条件的店铺应该亲自制作适合自己店铺口味的面包坯。汉堡面包坯最重要的是松软，所以发酵环节一定要好好掌控，这也是面包制作成功的关键。

二、课前学习

什么叫做面团的扩展状态？

三、加工方法

基础汉堡面包坯的加工方法是烤。

四、材料准备

高筋面粉……………………270g
牛奶…………………………160ml
黄油…………………………27g
鸡蛋…………………………30g
细砂糖………………………20g
酵母…………………………3g
盐……………………………2g

五、做法

（1）准备好所有材料，将黄油融化至液态，牛奶稍微温热。

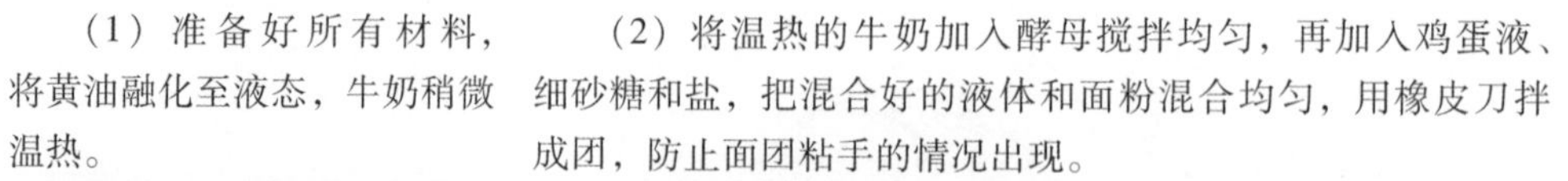

（2）将温热的牛奶加入酵母搅拌均匀，再加入鸡蛋液、细砂糖和盐，把混合好的液体和面粉混合均匀，用橡皮刀拌成团，防止面团粘手的情况出现。

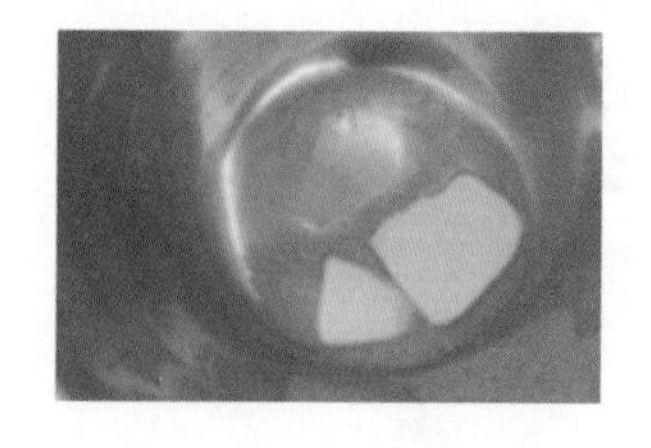
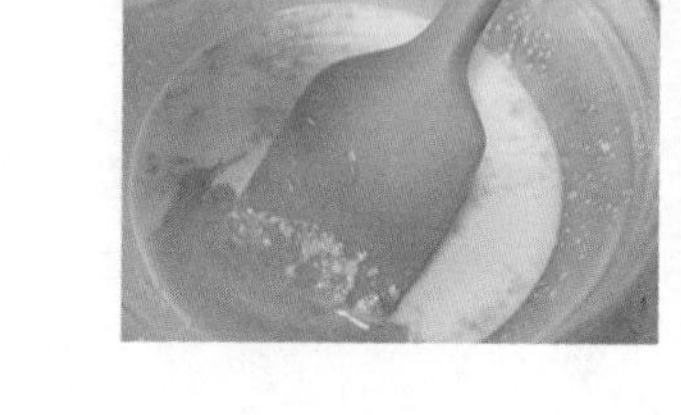

（3）在大理石台面摔打成团后的面团，面团开始会很粘手、粗糙，也容易断，需要反复摔打。

（4）持续摔打几分钟后，面团逐渐光滑，粘手情况也会减少。

（5）把面团转移至盆中，加入融化的黄油，揉搓面团，使黄油完全被吸收进面团。

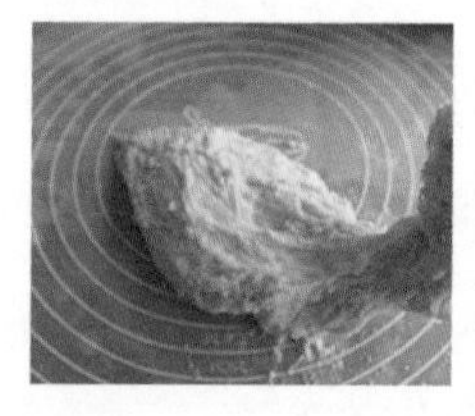

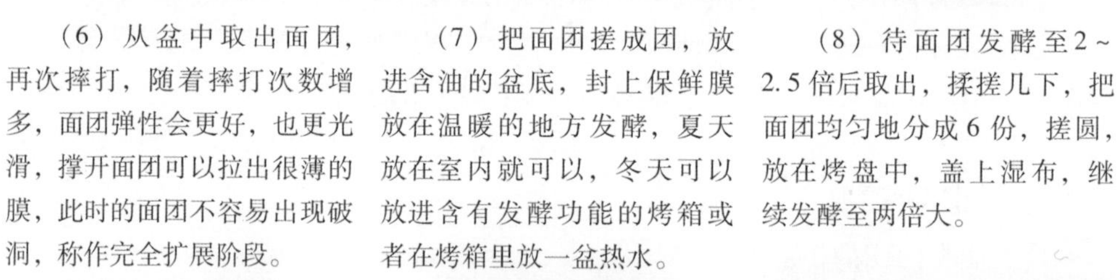

（6）从盆中取出面团，再次摔打，随着摔打次数增多，面团弹性会更好，也更光滑，撑开面团可以拉出很薄的膜，此时的面团不容易出现破洞，称作完全扩展阶段。

（7）把面团搓成团，放进含油的盆底，封上保鲜膜放在温暖的地方发酵，夏天放在室内就可以，冬天可以放进含有发酵功能的烤箱或者在烤箱里放一盆热水。

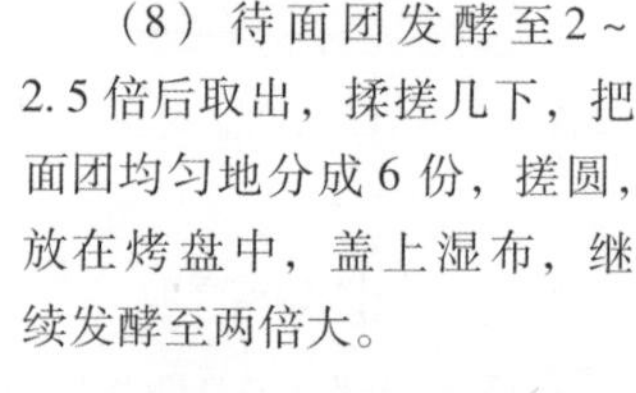

（8）待面团发酵至2～2.5倍后取出，揉搓几下，把面团均匀地分成6份，搓圆，放在烤盘中，盖上湿布，继续发酵至两倍大。

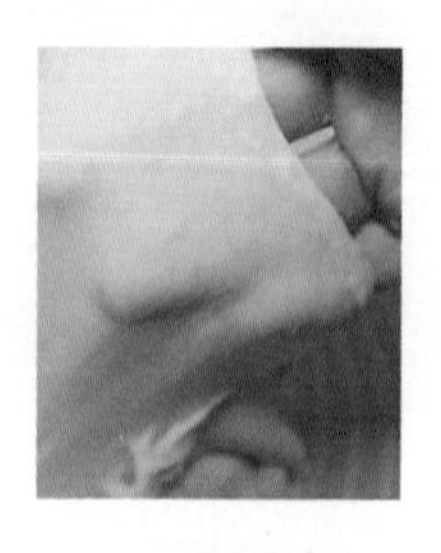

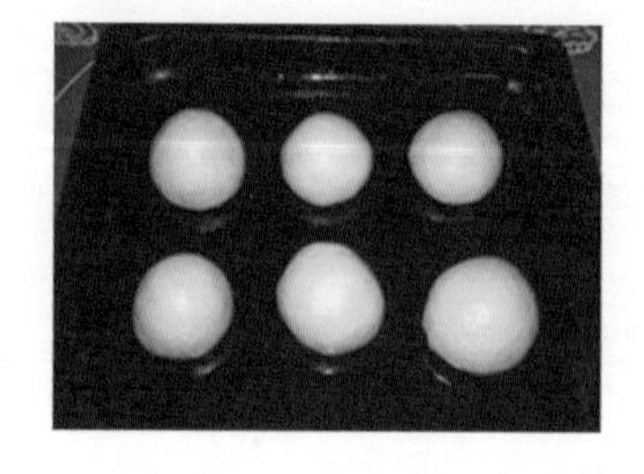

（9）在发酵好的面团表面刷上蛋液，撒上芝麻，放入预热好的烤箱，上层200℃、下层180℃，烤13分钟即可。

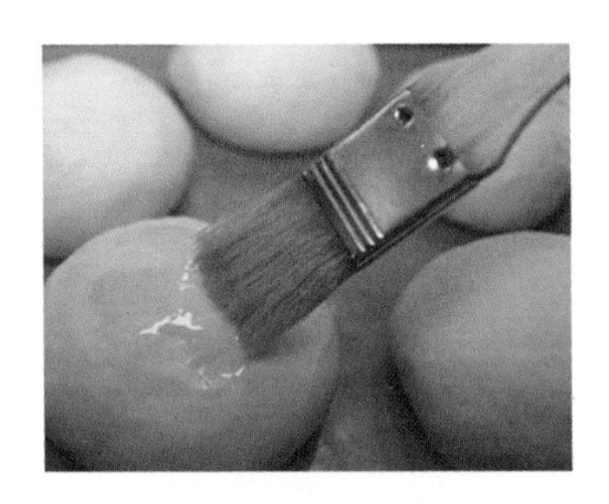

六、注意事项

（1）揉搓面团时可以根据面粉的湿润程度分次加水，面团宁干勿湿。

（2）发酵好的面团直接取出放在料理台上分成小份，整形，不用揉出多余空气。

（3）最后刷蛋液的时候，一定要轻柔，因为发酵好的面团很软，应防止戳破。

（4）烤好的面包需要稍微晾凉再切开，中间可以夹任何喜欢的馅料。

（5）想要保持面包的松软，只需要将剩下的面包冷冻起来，每次需要用之前在微波炉里加热30秒，就能保证面包松软。

知识链接

揉面的三个阶段

从阶段上，揉面大致分为初级阶段（出筋阶段）、扩展阶段（出膜阶段）、完全扩展阶段（手套膜）。这三个阶段是循序渐进的。

（1）初级阶段。

整个揉面的过程，就是使面团逐渐形成有组织、有韧性的面筋的过程。面粉最初和其他材料混合的时候是十分松散的状态，这时并没有形成面筋。而随着手工或机器的揉制和搅拌，面粉慢慢开始成团，当案板或揉面盆中看不到松散的面粉时说明面团已经开始出筋了。当然这时只是初级阶段，虽然在面筋的作用下，面粉已经可以成团，但表面会比较粗糙，面筋的韧性也不够强。

（2）扩展阶段。

所谓扩展阶段，就是面筋已经扩展到了一定程度，面团表面较为光滑，可以拉开形成较为坚韧的膜。这时用手慢慢把面团抻开，可以抻得比较薄，但比较容易出现破洞，而且破洞的边缘呈不规则的锯齿状。这个状态就是我们常说的扩展阶段，有时也叫出膜阶段。

知识链接

在制作甜面包或调理面包的时候，把面团揉到这样的程度就可以了，因为它们不需要太强韧的内部组织来支撑其膨胀的体积，只要成品口感松软就可以了。

（3）完全扩展阶段。

在这个阶段，面筋已经达到了完全扩展的状态。面团表面会非常光滑，可以拉出很薄很薄的膜，甚至将整个手掌覆盖住也没有问题，所以有时我们也形象地称之为“手套膜”。此时的面团不容易出现破洞，即使用手指捅破，洞的边缘也会非常光滑圆润。这就是面团的完全扩展阶段。

制作吐司等需要膨胀较大体积的面包时，一般都需要将面团揉至完全扩展阶段，这样才能形成有韧性的内部组织，成品拉丝、柔软。

任务五　牛肉汉堡

一、轻食介绍

汉堡是英文“hamburger”的音译，是现代西式快餐中的主要食物。最早的汉堡主要由两片小圆面包夹一块牛肉饼组成，现代汉堡中除夹传统的牛肉饼外，还在小圆面包的第二层中涂以黄油、芥末、番茄酱、沙拉酱等，再夹入番茄片、洋葱、酸黄瓜等食物，这样就可以同时吃到主、副食。这种食物食用方便、风味可口、营养全面，现在已经成为畅销世界的方便主食之一。牛肉汉堡则是以牛肉为主要辅料的汉堡。

二、课前学习

汉堡常用的面包类型有哪些？

三、加工方法

牛肉汉堡的加工方法是煎。

四、材料准备

汉堡坯…………1 个
牛肉馅………… 60g
面包糠………… 30g
鸡蛋…………… 50g
蚝油………………5g
番茄……………10g
沙拉酱…………10g
洋葱……………10g
黄瓜……………10g
芝士…………　1 片
生菜叶……　10g
盐……………2g
酱油……… 3ml

五、做法

（1）将生菜叶洗净撕成片，番茄、洋葱、黄瓜切成片，所有蔬菜原料都要晾干，或者用厨房吸水纸擦干水分。

（2）在牛肉馅中加入少量洋葱、鸡蛋、盐、酱油、蚝油、面包糠搅匀，搓成饼状，即成牛肉饼。

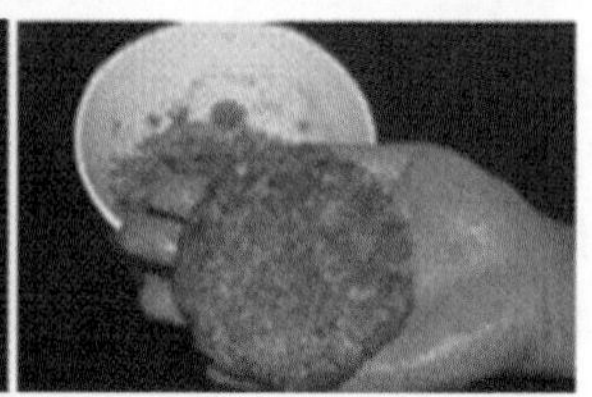

（3）在热锅加入适量油，放入牛肉饼，煎至两面金黄全熟备用。

（4）将汉堡坯切成两半，依次在底部放上沙拉酱、蔬菜、牛肉饼、芝士、沙拉酱，再放上另外一半汉堡坯即可。

六、注意事项

（1）想要制作更美味的汉堡，可以先在汉堡坯上涂抹一层黄油，放入预热好的烤箱烘烤几分钟再拿出来使用。

（2）加在汉堡中的生菜叶要沥干水分，用厨房吸水纸擦干，这样才不会把面包片浸湿。同样，番茄、青瓜等部分蔬菜在洗干净后，也要擦干。

任务六　大虾汉堡

一、 轻食介绍

大虾肉质肥嫩鲜美，食之既无鱼腥味，也无骨刺，老幼皆宜，备受青睐，所以大虾汉堡也是海鲜爱好者的挚爱。此款汉堡也可以将汉堡坯换成菠萝包，以迎合南方人的口味，入口更加松脆酥软，令人享受。

二、 课前学习

制作汉堡的酱汁有哪些？

三、 加工方法

大虾汉堡的加工方法是煎。

四、 材料准备

大虾……………100g	洋葱……………6g	鸡蛋……………50g
汉堡坯………… 1 个	苦菊………… 10g	红椒……………8g
黄椒………………8g	黄油……………20g	胡椒粉………适量
番茄…………… 10g	盐……………适量	面包糠……… 20g

五、 做法

（1）将大虾洗净剥皮去除虾线，把一半的虾切碎，另外一半则保留虾身，打入一个鸡蛋，加入少许面包糠、盐、胡椒粉，搅拌均匀，即成虾糊。

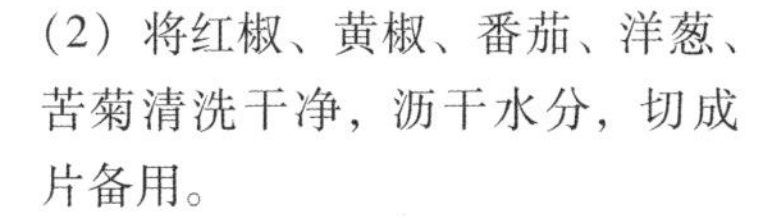

（2）将红椒、黄椒、番茄、洋葱、苦菊清洗干净，沥干水分，切成片备用。

（3）热锅刷黄油，放入虾糊，煎成虾饼，煎至两面金黄，即可捞出。

（4）在汉堡坯刷上黄油，放入预热好的烤箱 3 分钟后取出，切成两半，在底片挤适量的千岛酱，先放虾饼，再夹入番茄片、洋葱片、苦菊片、黄椒片、红椒片，淋上千岛酱，盖上另外一半的汉堡坯即可。

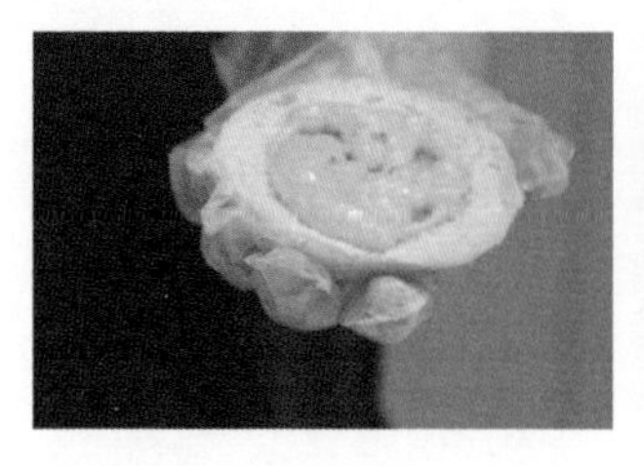
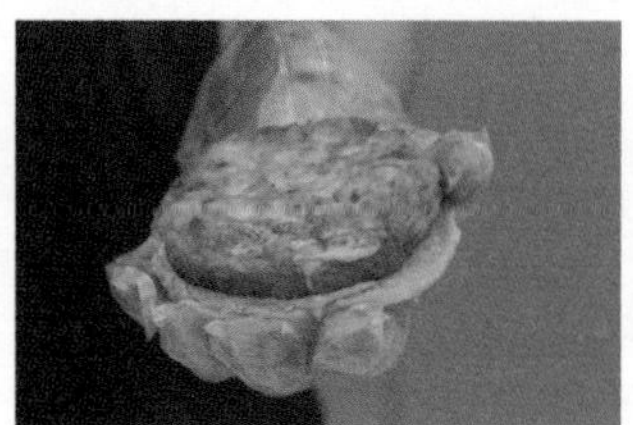

六、 注意事项

（1）大虾的虾线要去除干净，防止含有残留的沙粒。
（2）为了保证虾肉的口感，虾肉不能切得太碎。
（3）因为虾肉容易变焦，所以煎制时，火力不能太大。

任务七　奥尔良烤鸡腿培根汉堡

一、轻食介绍

奥尔良烤鸡腿培根汉堡具有多层次的口感，具浓郁烟熏香味的培根搭配风味独特的奥尔良鸡腿肉，一定能够成为咖啡馆的热卖产品。

二、课前学习

如何能够在短时间内快速制作汉堡，以提高咖啡馆出品效率?

三、加工方法

奥尔良烤鸡腿培根汉堡的加工方法是烤。

四、材料准备

汉堡坯…………1 个	番茄 ……………10g	盐………………3g
培根……………3 片	花生酱…………10g	生抽……………5g
鸡腿肉…………100g	黄油……………10g	醋………………3g
生菜叶…………15g	奥尔良调味料…10g	蜂蜜…………适量
洋葱 ………… 10g	水………………10ml	

五、做法

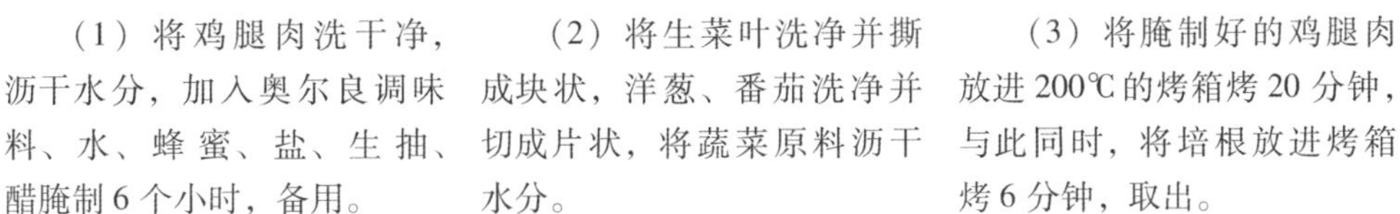

（1）将鸡腿肉洗干净，沥干水分，加入奥尔良调味料、水、蜂蜜、盐、生抽、醋腌制 6 个小时，备用。

（2）将生菜叶洗净并撕成块状，洋葱、番茄洗净并切成片状，将蔬菜原料沥干水分。

（3）将腌制好的鸡腿肉放进 200℃的烤箱烤 20 分钟，与此同时，将培根放进烤箱烤 6 分钟，取出。

（4）将汉堡坯切成两半，涂上黄油，放进 160℃预热的烤箱烤 3 分钟，取出后在汉堡底部先放生菜、番茄、洋葱，接着放上烤好的鸡腿肉和培根，淋上花生酱，盖上另一半汉堡即可。

六、注意事项

在腌制鸡腿肉前，要先查看是否含有未去除的骨头，需用剪刀去除骨头再腌制，腌制时间至少为6小时，否则不入味。

项目八

沙拉类轻食

沙拉类轻食

项目八

任务一　凯撒沙拉

一、轻食介绍

凯撒沙拉是美国的代表沙拉，被称作“沙拉之王”。“凯撒”是创作这道沙拉的主厨的名字。它的发源地是美墨边境一家位于 Tijuana（蒂华纳）城的小餐馆。1924 年，意大利主厨 Caesar Cardini 用了手边仅剩的帕尔玛芝士、橄榄油、腌制凤尾鱼、英国酱油醋（Worcestershire Sauce）等调制成酱汁，将它们和生菜混合在一起，最后撒上面包丁，创造出了这道经典的凯撒沙拉。随着凯撒沙拉广为流传，有些主厨也会添加鸡胸肉、培根等，调配出不同风味。

二、课前学习

如何手打蛋黄酱？

三、加工方法

凯撒沙拉的加工方法是煎、拌。

四、材料准备

整体材料：

大叶生菜……………………200g
凤尾鱼………………………1 片
培根…………………………2 片
帕尔玛芝士……………… 30g
炸面包丁…………………适量
熟鸡蛋………………………40g
盐、胡椒…………… 各适量

酱汁材料：

蛋黄酱………………………10g
黄芥末酱……………………10g
酒醋…………………………30ml
橄榄油………………………20ml
蒜蓉…………………………适量

五、做法

（1）将大叶生菜清洗干净，撕成块状，控干水分。

（2）将培根切成小片入锅煎熟，熟鸡蛋切成 4 块，凤尾鱼切碎，帕尔玛芝士切碎，备用。

（3）在蛋黄酱中加入黄芥末酱、酒醋、橄榄油、蒜蓉，调匀即成凯撒沙拉酱汁。

（4）将生菜、培根、熟鸡蛋、凤尾鱼加入凯撒沙拉酱汁中拌匀，然后撒上炸面包丁、帕尔玛芝士碎还有适量盐和胡椒，即可装碟。

六、注意事项

（1）黄芥末酱是辣味的主要来源，也可以选择不放。

（2）若没有蛋黄酱可以用沙拉酱代替。

（3）西餐中的凤尾鱼一般是用凤尾鱼罐头。

任务二　华尔道夫沙拉

一、 轻食介绍

华尔道夫沙拉是一款经典的美式沙拉，据说是被称为纽约第一的百年经典沙拉，制作原料主要有熟鸡胸肉、苹果丁、西芹丁、沙拉酱、打发奶油、核桃碎、番茄、生菜、熟鸡蛋。对于喜欢水果和坚果的客人，可以向他推荐此款沙拉，这是夏天比较畅销的一款人气产品。

二、 课前学习

怎样能够防止沙拉里面的水果氧化变色?

三、 加工方法

华尔道夫沙拉的加工方法是拌。

四、 材料准备

整体材料：

生菜……………………100g
鸡胸肉…………………100g
西芹……………………100g
苹果……………………100g
烤香核桃仁……………50g
提子干………………… 20g

沙拉酱汁材料：

鲜奶油……………… 30g
胡椒粉………………适量
盐……………………适量
欧芹……………………2g
蛋黄酱……………… 50g

五、 做法

（1）在鸡胸肉中加入少量的盐、胡椒粉腌制半小时；在热平底锅中放入适量油，把鸡胸肉煎熟至金黄色，捞出，切成小块。

（2）将生菜洗干净，撕成丝状；西芹洗干净切成丝，放入开水中煮半分钟，捞出然后过冰水；苹果洗干净切成小粒状，在盐水里浸泡 5 分钟。

（3）将烤香的核桃仁剁成小丁状与提子干放在一旁备用，沥干水的生菜丝、西芹丝、苹果丁与鸡胸肉混合均匀，放在大碗里。

（4）将鲜奶油、蛋黄酱、盐、胡椒粉、欧芹搅拌成沙拉酱汁，倒入上一步的碗中，使之混合均匀，装盘，在表面撒上核桃仁和提子干即可。

六、注意事项

（1）将苹果放入盐水中浸泡，能够防止变色。

（2）西芹的味道比较重，用开水煮一下，能够去除其中的苦涩味，再浸泡冰水，能够保持蔬菜原料的脆感。

知识链接

基本沙拉酱汁

一款沙拉可以用不同的酱汁进行搭配以产生独特的口味，一般餐厅或咖啡馆需做出不同的酱汁放在沙拉区供客人选择，本项目所提及的沙拉酱汁均可替换成以下酱汁，厨师也应该能够举一反三，创造出具有特色的沙拉酱汁。以下三款酱汁较符合大众口味，可供参考。

（1）基本沙拉调料。

材料：醋30ml，色拉油30ml，芥末15g，白砂糖5g，盐、胡椒各适量。做法：把所有原料放进罐子里，盖上盖子摇晃即可，放冰箱保存，保质期为一周。

（2）芝麻调料。

材料：白色芝麻碎5g，芝麻油10ml，酱油10ml，醋10ml，白砂糖10g，盐适量。做法：把所有原料放进罐子里，盖上盖子摇晃即可，放冰箱保存，保质期为一周。

（3）洋葱调料。

材料：洋葱半个，大蒜适量，酱油20ml，色拉油20ml。做法：将洋葱切末，放在水里浸泡以去除涩味，控干水分，将大蒜捣成泥，加入其他原料搅拌均匀，放入冰箱冷藏入味。

任务三 美式经典土豆沙拉

一、轻食介绍

土豆是美国人的主食之一，很多美国的菜肴里面都会出现土豆这种原料。土豆营养价值高，具有饱腹感，很多人都喜欢吃软糯的土豆。美式经典土豆沙拉在很多餐厅的菜单里都会出现，大众接受程度很高，并且制作很简单，所用材料都比较常见，可以作为餐厅的主打沙拉之一。

二、课前学习

常用于制作沙拉的蔬菜具有什么特点?

三、加工方法

美式经典土豆沙拉的加工方法是水煮、拌。

四、材料准备

整体材料：

小土豆……………………………250g
胡萝卜……………………………100g
洋葱………………………………100g

酱汁材料：

蛋黄酱………………40～60g
醋……………………………20g
白砂糖…………………………5g

黄瓜……………………………150g

火腿……………………………60g

剥皮熟鸡蛋……………………80g

盐……………………………适量

胡椒…………………………适量

五、 做法

（1）将土豆洗干净，直接放入高压锅，加入凉水蒸5～10分钟，土豆即可变得松软。

（2）土豆蒸好后，趁热把皮剥掉，把剥好皮的土豆放入大碗里捣碎，不一定捣得很碎，可保留小块的土豆，增加口感。撒入少量的盐、胡椒、醋调味，放凉备用。

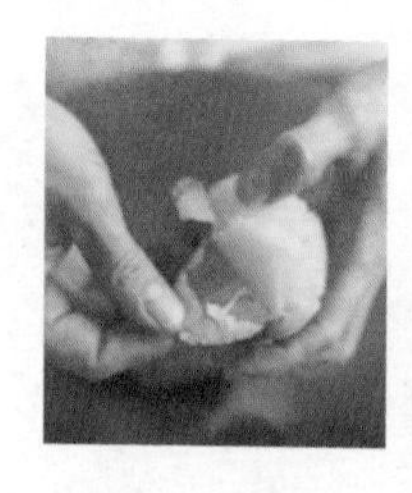

（3）胡萝卜洗净削皮，竖着对半切开，用凉水煮，煮8分钟即可，不能煮得太软烂，煮熟后切薄片、冷却。洋葱切薄片泡在水里去除涩味，控干水分。黄瓜切成片，撒适量盐以减少黄瓜的水分，增加脆感。

（4）火腿煮熟，切成丝，放凉备用。

（5）将剥了皮的熟鸡蛋放在碗里用胶棒捣成小碎块，将鸡蛋、黄瓜、胡萝卜、洋葱、火腿放进装土豆块的大碗里，加入调好的酱汁充分搅拌均匀即可装盘。

六、 注意事项

（1）煮土豆建议用高压锅，能够在短时间内使土豆变得松软，口感更佳。

（2）注意用黄瓜、胡萝卜、洋葱等蔬菜做沙拉的时候，不能太软，所以，切出来的蔬菜应尽快使用。

任务四　芝麻菜拌牛肉

一、 轻食介绍

这道沙拉一定是很多原本不喜欢沙拉的人也会爱上的一道美食。对于普通的沙拉，人们认为原料主要是蔬菜，但是这道沙拉加入了香煎牛排，搭配清新的芝麻菜和极具诱惑力的帕尔玛芝士，深受意大利人的喜爱。酸是这款沙拉的另一特色，芳香醋在其中，让人胃口倍增，是一道很好的餐前开胃菜。

二、 课前学习

芝麻菜在西餐中的主要运用是什么?

三、 加工方法

芝麻菜拌牛肉的加工方法是煎、拌。

四、 材料准备

整体材料：

牛排……………………………200g

芝麻菜…………………………150g

帕尔玛芝士…………………20g

酱汁材料：

芳香醋…………………………20g

橄榄油…………………………10ml

盐、胡椒粉…………各适量

五、 做法

(1) 将牛排撒上盐、胡椒粉，腌制 10 分钟。加热平底锅，下油，放上牛排，把两面煎至上色，约七成熟即可，取出，切成边长 1cm 的方形。

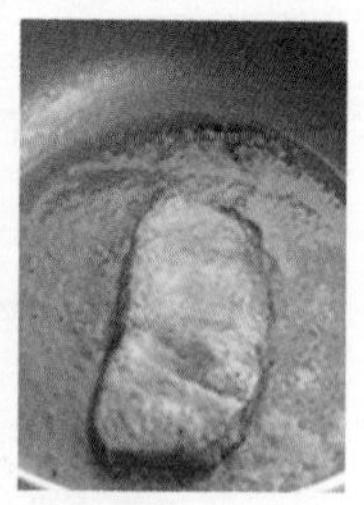

（2）芝麻菜洗干净晾干，放入碟中，接着铺上牛肉粒，撒上切成片的帕尔玛芝士，最后加入盐、胡椒粉，浇上芳香醋和橄榄油即可。

六、 注意事项

（1）这道沙拉冷热都可以吃，喜欢清爽口感的可以把牛肉煎制好，晾凉再上碟。

（2）煎制牛肉不能过熟，以免影响沙拉口感。

项目九

其他类轻食

其他类轻食

项目九

任务一　意式披萨

一、轻食介绍

披萨（pizza）是一种发源于意大利的食品，在全球颇受欢迎。披萨的通常做法是在发酵的圆面饼上面覆盖番茄酱、芝士和其他配料，并由烤炉烤制而成。芝士通常用马苏里拉芝士，也有的混用几种芝士，包括帕马森芝士、罗马芝士（romano）、意大利乡村软酪（ricotta）或蒙特瑞·杰克芝士（Monterey Jack）等。披萨做法简单，搭配多样，营养丰富，口感浓郁，是咖啡馆的畅销轻食。

二、课前学习

披萨的风味有哪些？

三、 加工方法

意式披萨的加工方法是烤。

四、 材料准备

饼底材料：

高筋面粉……………………………200g
牛奶…………………………… 120ml
细砂糖………………………………10g
干酵母………………………………3g
盐……………………………………1g
黄油………………………………… 40g
蛋黄…………………………………20g

披萨馅材料：

香肠…………………………………100g
青红椒……………………………… 50g
培根…………………………………100g
马苏里拉芝士………………………200g
披萨酱 …………………………… 适量
披萨草………………………………适量
意大利综合香料……………………适量

五、 做法

（1）将青红椒切圈，培根、香肠切片。

（2）将马苏里拉芝士切小丁或用工具擦成末或者丝。

（3）在温水里倒入干酵母，搅匀。

（4）高筋面粉过筛备用。

（5）取一个大盆，倒入过筛后的面粉，加入蛋黄，融化黄油，边揉边将和好的酵母水加入面粉中，反复揉搓成光滑的面团。

（6）包上保鲜膜进行第一次发酵。

（7）待面团发到两倍大时，取出揉匀，分成两份，盖上保鲜膜进行第二次发酵。最好放进冰箱冷藏一整晚，这样面皮会更加柔软。

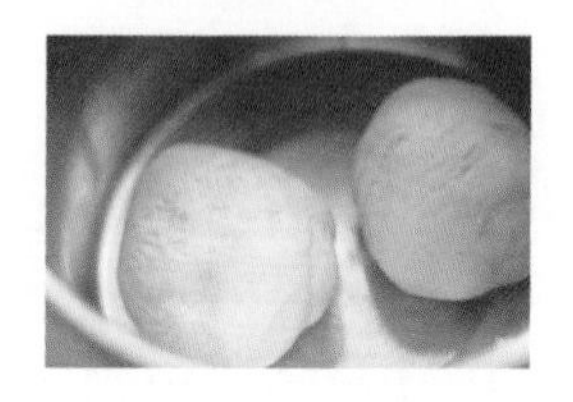

（8）披萨盘刷油。

（9）将面团用擀面杖擀成圆形饼皮，铺入披萨盘中，并将周圈推厚，用叉子叉出均匀的孔。

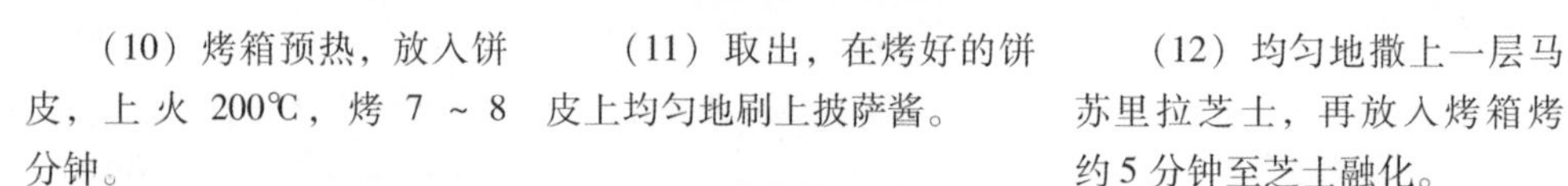

（10）烤箱预热，放入饼皮，上火200℃，烤7～8分钟。

（11）取出，在烤好的饼皮上均匀地刷上披萨酱。

（12）均匀地撒上一层马苏里拉芝士，再放入烤箱烤约5分钟至芝士融化。

（13）再次取出，将培根、香肠、青红椒一层层摆好，撒上披萨草及意大利综合香料。

（14）最后再撒上一层马苏里拉芝士。

（15）放入烤箱，上火200℃，再烤20分钟，即可出炉。

六、注意事项

（1）披萨酱可用番茄酱取代。

（2）披萨饼底在烤制前必须打孔，以防烘烤时鼓起。

任务二　水果披萨

一、轻食介绍

水果披萨造型美观，色彩鲜艳，包含各种水果，能补充多种维生素，口感酸甜清新。

二、课前学习

学习披萨的造型。

三、加工方法

水果披萨的加工方法是烤。

四、材料准备

饼底材料：

高筋面粉……………………200g
牛奶…………………………120ml
细砂糖………………………10g
干酵母………………………3g
盐……………………………1g

披萨馅材料：

香肠……………………………75g
番茄酱…………………………40g
圣女果…………………5～8 粒
葡萄……………………………5 粒
马苏里拉芝士…………………120g
蜂蜜水…………………………30g

虾仁…………………………15 只
黄桃…………………………2 个
培根…………………………35g

五、做法

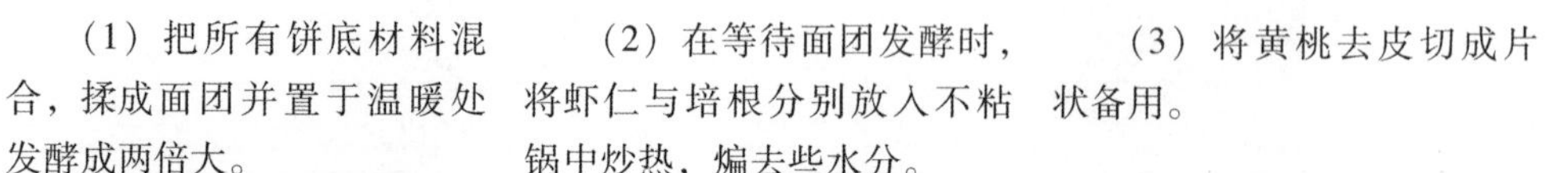

（1）把所有饼底材料混合，揉成面团并置于温暖处发酵成两倍大。

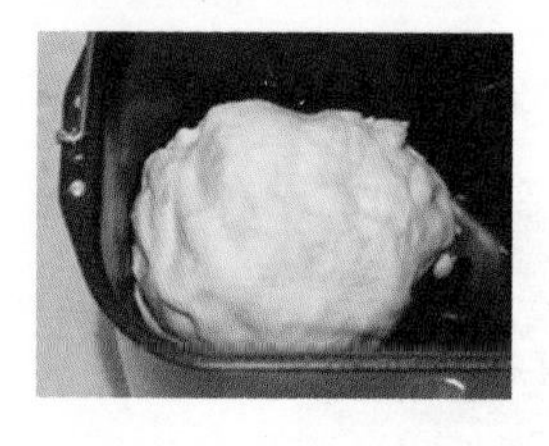

（2）在等待面团发酵时，将虾仁与培根分别放入不粘锅中炒热，煸去些水分。

（3）将黄桃去皮切成片状备用。

（4）将发酵好的面团揉成光滑的面团，切下 1/3，将另外 2/3 面团用擀面杖擀成圆形面饼。

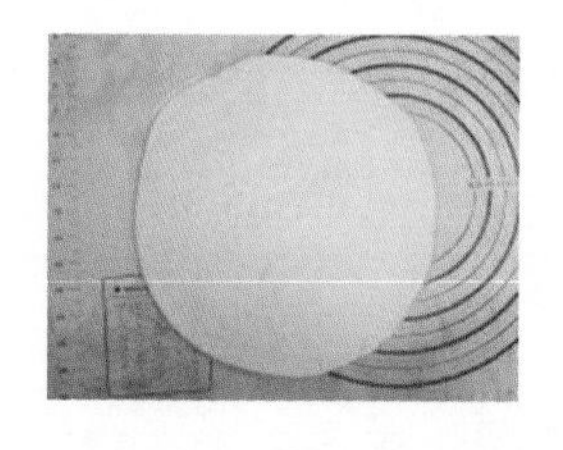

（5）将清洗干净并擦干水分的披萨盘放在圆形面饼上，沿着盘底边缘用小刀切下多余的面饼。

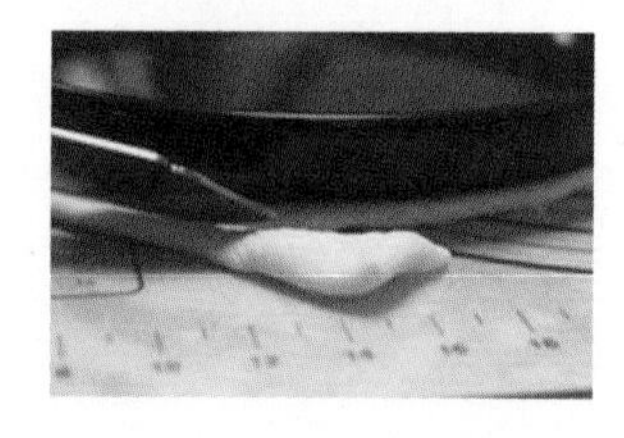

（6）将圆面饼放入涂满油的披萨盘中。

（7）将切下的多余面饼与之前切下的 1/3 面团混合成光滑的面团，擀成长条面饼（宽度以能裹住香肠为准），将香肠放入，卷起。

（8）将香肠卷静置 5 分钟。

（9）用刷子蘸清水沿披萨面饼边缘刷一圈。

（10）用小刀将香肠卷切成 2cm 左右的小段。

（11）将香肠卷排列在披萨面饼外圈。

（12）用叉子在披萨面饼上叉些小孔。

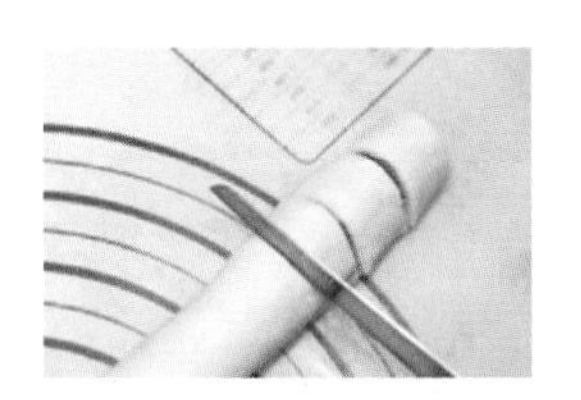

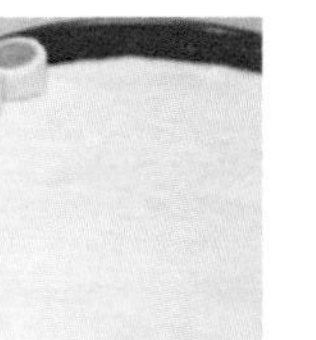

（13）在披萨面饼上涂上番茄酱。

（14）摆上培根条。

（15）撒上一半的马苏里拉芝士。

（16）摆上黄桃片。

（17）摆上虾仁、圣女果、葡萄。

（18）撒上剩余的马苏里拉芝士，以 1∶1 的比例调好蜂蜜水，刷在披萨饼外圈上，以使饼皮色泽金黄。

（19）将披萨放入预热至上下火 180℃的烤箱中，烤 15 ~ 20 分钟，看到表面的马苏里拉芝士融化且披萨饼上色即可出炉。

六、 注意事项

（1）水果应尽量选择含水量少的种类，以防烤好后出水。

（2）若水果含水量高，可预先将饼底烤 10 分钟。

任务三　炸薯条

一、轻食介绍

炸薯条是一种以土豆为原料，将其切成条状后油炸而成的食品，是现在常见的快餐食品之一，流行于世界各地。

二、课前学习

试着分析美式薯条和英式薯条的区别。

三、加工方法

炸薯条的加工方法是炸。

四、材料准备

土豆……………………………2 个
盐…………………………………3g
番茄沙司……………………　适量
法香……………………………适量

五、做法

（1）将土豆洗干净，去皮，切成宽和高均为0.8cm的长方条，放入凉水中浸泡1小时，沥干水分备用。

（2）放入炸炉用150℃油温炸至颜色金黄，捞出沥干油分，撒上盐和法香拌匀。

（3）将炸好的薯条配上番茄沙司即可。

六、注意事项

（1）炸制过程中注意控制油温。

（2）炸制起锅前适当升高油温，可逼出炸薯条内多余油脂。

任务四 果仁鸡米花

一、 轻食介绍

鸡米花是一款由鸡胸肉裹浆炸制而成的类似于爆米花的小吃。果仁鸡米花创新性地在裹浆时加入果仁片。鸡米花与果仁片的搭配，更深层次地丰富了味道与口感。食用时，唇齿留香，是一款人气轻食。

二、 课前学习

尝试用其他种类的果仁片代替花生片。

三、 加工方法

果仁鸡米花的加工方法是炸。

四、 材料准备

腌制材料：

鸡胸肉……………………500g
盐…………………………5g
小苏打……………………3g
鸡蛋……………………1 个
白砂糖……………………10g
鸡精………………………3g
胡椒粉……………………2g
水…………………………20ml
面粉………………………8g

裹浆材料：

花生片…………………… 10g
面包糠……………………5g
面粉………………………3g

五、 做法

（1）鸡胸肉洗净切成 1.5cm × 1.5cm × 1.5cm 的肉丁。

（2）在切丁后的鸡胸肉中加入小苏打、鸡蛋、盐、糖、鸡精、胡椒粉、水、面粉拌匀，放入冰箱冷藏腌制 4 小时。

（3）腌制后的鸡胸肉均匀裹上花生片、面包糠与面粉。

（4）放入炸炉用油温150℃炸约2分钟，至鸡米花浮起、颜色金黄即可。

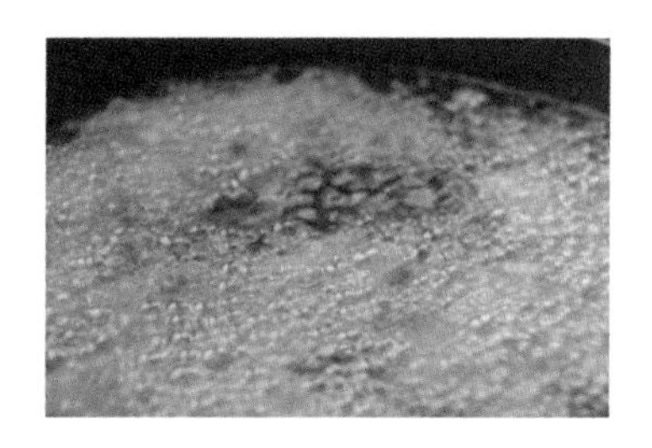

六、注意事项

（1）炸制过程中注意控制油温。油温过高，易致鸡米花外熟内生；油温过低，易失酥脆。

（2）炸制起锅前适当升高油温，可逼出鸡米花内多余油脂。

任务五　椒盐多春鱼

一、轻食介绍

多春鱼，其雌鱼肚中多有鱼子，因此得名“多春”（中国南方方言如客家话中，将卵称为“春”）。多春鱼体修长，侧扁，眼大，鳞片细小，原产自日本的深海。鱼的个头虽不大，肉质却特别嫩滑，而且营养价值丰富。鱼身炸至金黄酥脆，搭配满口鱼子，口感上形成了鲜明对比，回味无穷。

二、 课前学习

了解多春鱼的营养价值。

三、 加工方法

椒盐多春鱼的加工方法是炸。

四、 材料准备

腌制材料：

多春鱼……………………500g
盐……………………………5g
百里香………………………3g
鸡精…………………………3g
黑胡椒碎……………………2g
辣椒粉………………………2g

裹浆材料：

鸡蛋……………………1 个
面粉…………………… 50g
粗面包糠………………适量

五、 做法

（1）将多春鱼洗净，去鱼鳃与鱼肠。

（2）将百里香、盐、鸡精、黑胡椒碎、辣椒粉与多春鱼拌匀，放入冰箱冷藏腌制 6 小时。

（3）将鸡蛋与面粉混合成浆，加入腌制后的多春鱼，均匀裹上粗面包糠。

（4）放入炸炉以油温160℃炸至金黄即可。

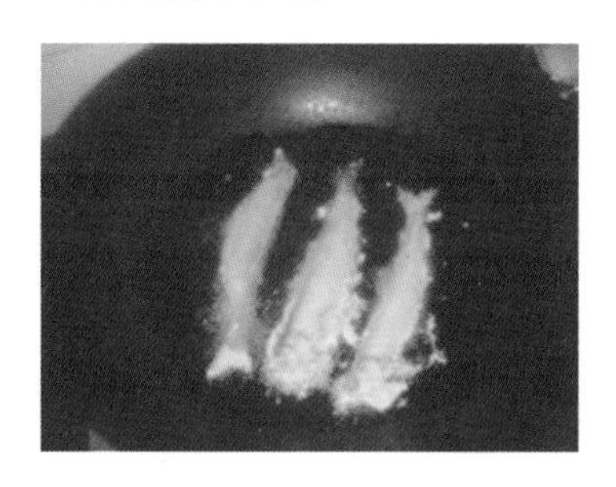

六、注意事项

（1）炸制起锅前，适当升高油温可逼出多余油脂。
（2）炸多春鱼也可搭配番茄酱、沙拉酱等，口味更佳。

任务六　浓情烤鸡翅

一、轻食介绍

烤翅是一种小吃。2006年下半年，北京城骤然掀起一场烤翅风，学校边、胡同口、小区外、商业街随处可见名类繁多的烤翅店，并且家家烤翅店生意兴隆。烤翅异常火爆的现象更引发了多方媒体的大肆报道。一时间，各种风味的烤翅如雨后春笋般纷纷涌现，北京城烤翅甚至分为东西、南北、中西各派，经营者、食客、媒体各撑起一片烤翅江湖，门派林立，演绎“翅风翅雨”。时至今日，烤翅俨然已成为北京乃至全国的一道风味独特、别具一格的特色小吃，深受大众尤其是年轻人的追捧与喜欢。

二、 课前学习

学习烤翅的其他做法。

三、 加工方法

浓情烤鸡翅的加工方法是烤。

四、 材料准备

鸡翅…………………10 个
洋葱………………… 20g
百里香………………… 3g
大蒜…………………… 5g
蒜蓉辣酱……………10g
番茄沙司……………10g
孜然粒……………… 5g
黑胡椒粉…………… 3g
橄榄油……………… 5ml
盐、辣椒粉………各适量

五、 做法

（1）将鸡翅清洗干净，在鸡翅正面斜切两刀；洋葱、大蒜、百里香切碎混匀备用。

（2）在鸡翅中加入盐、黑胡椒粉、洋葱碎、大蒜碎、百里香碎、孜然粒、辣椒粉、蒜蓉辣酱、番茄沙司、橄榄油拌匀，放入冰箱冷藏腌制 30 分钟。

（3）将腌制好的鸡翅放入预热好的烤箱中，以 180℃烤至鸡翅熟透即可。

六、 注意事项

在鸡翅表面斜切是为了便于成熟与更加入味。

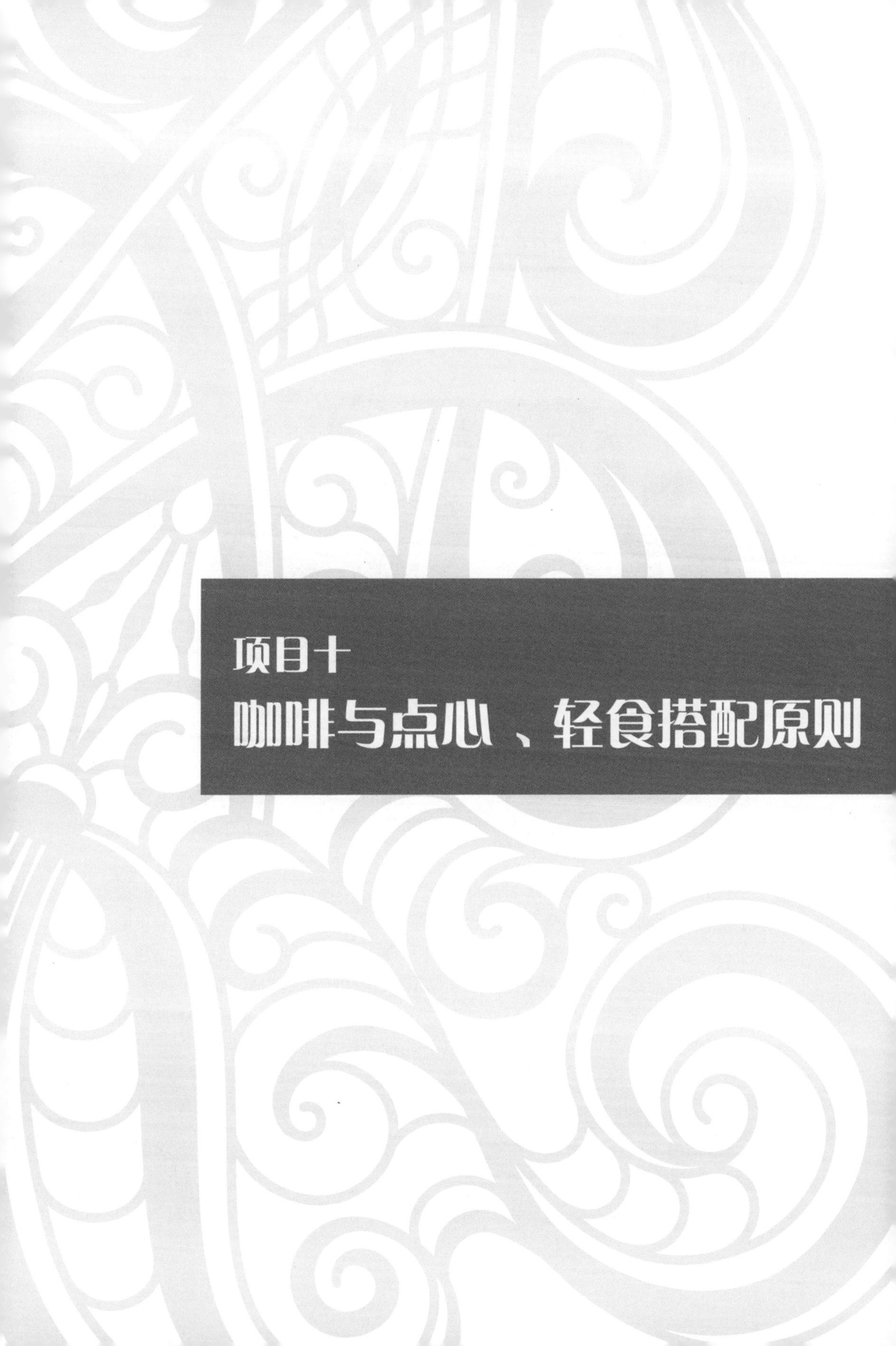

项目十

咖啡与点心、轻食搭配原则

咖啡与点心、轻食搭配原则

项目十

如今越来越多的人喜欢喝咖啡，足见咖啡的魅力日渐增长。咖啡不仅可以提神，也可以让人放松。周末选择一间有情调的咖啡馆，享受下午的时光，已成为不少人的消遣节目。

当人们享受下午茶的时候，往往不只需要一杯咖啡，更多的时候他们会选择搭配的点心、轻食和饮品。单吃蛋糕或喝咖啡，会让人感到索然无味、毫无新意，但是当点心、轻食和咖啡搭配起来时，咖啡略带苦涩，可缓解点心和轻食本身的腻；咖啡与点心、轻食结合，也可以让人享受咖啡的香醇而忽略苦涩。

咖啡的种类很多，点心、轻食的款式也丰富多彩，怎样才能从众多的咖啡和点心、轻食中选择最佳的搭配呢？有以下几种搭配方法：

一、依据咖啡萃取方式搭配

咖啡种类不同，味道和香气也就有所差异。例如，同样用虹吸法萃取的咖啡中就有黑咖啡或浓缩土耳其咖啡等浓缩型咖啡。这些咖啡的风味都偏浓郁，十分适合与味道丰厚的蛋糕一起享用，例如项目三中的法式巧克力芝士塔，项目四中的重芝士蛋糕、古典巧克力蛋糕、欧培拉蛋糕、沙架蛋糕、黑森林蛋糕，项目五中的奶香椰子球，项目六中的咖啡布朗尼等。或者可以适当搭配三明治类轻食。

二、依据咖啡种类搭配

即使是烘焙深度相同的咖啡也可分为很多种；另外，产地不同，风味也会有差异，因此在搭配点心、轻食时，这些特点都是要列入考虑的。举例来说，中深度烘焙的危地马拉咖啡，是一款风味相当丰富的咖啡，像这类的咖啡就适合搭配有多层次口感风味的西点。而蓝山咖啡、摩卡咖啡以及来自肯尼亚、苏门答腊和夏威夷等地的咖啡豆冲泡出的咖啡，都是在风味上带有个性的咖啡，因此和有个性的甜点搭配最恰当不过，如搭配项目四中的蜜栗咕咕霍夫、抹茶冻芝士蛋糕、木糠蛋糕，项目五中的奶香椰子球、薄烧杏仁，项目六中的咖啡小圆饼等。具有个人口味特色的轻食也是不错的选择，如项目九中的果仁鸡米花、椒盐多春鱼等。

三、依据咖啡烘焙深浅程度搭配

咖啡烘焙深浅程度决定咖啡口感与风味。依照烘焙的火候与时间差异可分为浅烘焙、中烘焙和深烘焙三大类（其中又可细分为八个阶段）。大抵而言，像项目四中的抹茶冻芝士蛋糕、木糠蛋糕以及项目六中的提拉米苏等有着极细致风味的蛋糕类，搭配浅烘焙或是有一点酸味的咖啡就很契合；而派皮类或是使用大量水果制作的塔类西点，如项目三中的苹果派、法式芝士培根派，或是口味百变的沙拉类轻食则适合搭配中烘焙的咖啡；项目三中的缤纷水果塔、柠檬布丁派等水果类派类，项目四中的法式布丁蛋糕、波伦塔蛋糕等传统风味蛋糕，项目五中的法式香橙松饼和玛格丽特小饼就可以考虑搭配深烘焙的咖啡一起品尝。

四、冰咖啡搭配

冰咖啡、冰咖啡欧蕾和常温蛋糕搭配起来味道不错，不过要注意的就是含有较多鲜奶油的蛋糕若与冰的咖啡一起入口，鲜奶油的油脂有可能会凝固，容易形成口感不佳的乳脂球，最好避免这样的状况发生。还有慕斯和芝士蛋糕基本上也不太适合搭配冰咖啡。但是像项目九中的果仁鸡米花、炸薯条与之搭配，则在口感上和风味上形成鲜明对比，两者相得益彰。

五、花式咖啡搭配

花式咖啡很适合搭配以单一素材做成的蛋糕，像是味道单纯的玛格丽特小饼、摩卡泡芙等；若想要搭配味道丰富的蛋糕，相对来说则显得比较困难。

对于不同风味的咖啡，找到口味与之相适应的点心、轻食，两相搭档，相信一定会品出不一样的感觉，咖啡馆可以试着搭配一下，顾客到店的时候可向他推荐搭配好的饮品、点心和轻食。

咖啡的用餐原则与酒的佐餐规律相类似，即口味浓厚的咖啡与口味浓重的食品相配，而口味较清淡的咖啡与口味较清淡的食品相配。

一般来说，西餐中的正餐后免不了吃一些甜点，如布丁、冰激凌等，而我国传统的菜系中也有讲求在正餐后吃少许甜点的，如果这时选用一种合适的咖啡，也会给夜晚带来无限惬意。清淡的甜食，如小曲奇或水果派，搭配中等醇度的南美咖啡如危地马拉、巴西圣多斯或墨西哥咖啡最为合适；苏门答腊曼得林及埃塞俄比亚漠卡咖啡较适于与丰盛的甜点相搭配。

加有巧克力的甜点最为甜腻，食用时最好配以味道较浓重的咖啡，如深度焙烤的单品咖啡或拼配咖啡。巧克力成分越多，咖啡味道应越浓厚。覆盖有巧克力的小甜点，如市场上常见的巧克力派等甜品的最佳搭配是以 1/2 法式咖啡加 1/2 漠卡—爪哇咖啡制成的拼配咖啡。

用咖啡配以酒、香料、奶油及泡沫奶油，可制成很好的甜品。在制作此种甜品时所使用的深度焙烤拼配咖啡中，至少应加上一种醇度较大的非洲或印度尼西亚咖啡。因为酒会稀释咖啡，所以咖啡煮制得要浓些，以保留其原有的浓厚味道。

南美及夏威夷咖啡较为温和、顺滑，这种咖啡应与较清淡的春夏季甜点搭配。而产于非洲的咖啡口感一般较厚重，适合与丰盛但又易消化的食品、甜点相配。印度尼西亚咖啡香醇浓厚，适合与较油腻、较甜的饭菜及甜点搭配。深度焙烤的咖啡及意式咖啡搭配用巧克力制作的食品较为适宜。早餐是饮用咖啡的好时间，此时饮用的咖啡可能会影响你一整天的情绪，这可分为两种情况：如果早餐是以咸肉、鸡蛋为主，最好选择饮用肯尼亚 AA 级咖啡、坦桑尼亚或哥伦比亚特级咖啡，因为这些咖啡口感厚重，并具有爽意甚浓的酸味；如果早餐只是吃一些较清淡的食物，如松饼、水果或华夫饼干，最好选择一杯津巴布韦或危地马拉安提瓜的咖啡。

咖啡与点心、轻食的巧妙碰撞会带来什么样的结果，只有尝试过的人才知道其中的奥妙。但是掌握以上的咖啡与点心、轻食搭配原则，则当顾客对点餐感到困惑时，就可以根据所学的知识给予顾客帮助。这对一家咖啡馆的专业形象塑造是十分有利的，能够显示出这是一家有追求、有品质的咖啡馆，也将给咖啡馆带来较好的经济效益。

参考文献

1. 李智惠．点击率最高的咖啡馆美食．李天龙，译．北京：中国纺织出版社，2012.

2. 周子钦，吴佩谕，郑元魁，等．咖啡馆简餐、轻食．北京：中国纺织出版社，2011.

3. 王森．咖啡馆西点新手做．福州：福建科技出版社，2015.

4. 杨桃美食编辑部．超人气咖啡馆轻食餐．南京：江苏科学技术出版社，2015.

5. 田口文子，田口护．“咖啡·巴赫”的咖啡和甜点．朱悦玮，译．沈阳：辽宁科学技术出版社，2015.

6. 永濑正人．最新人气三明治．张海燕，张译丹，译．沈阳：辽宁科学技术出版社，2011.

7. 杨进书，魏勇健，双福，等．自己动手做美味三明治·汉堡包．北京：化学工业出版社，2011.

8. 君之．跟着君之学烘焙．北京：北京科学技术出版社，2015.

9. 野口真纪．今日沙拉．宋天涛，译．青岛：青岛出版社，2015.

10. 钟志惠．面点工艺与实训．北京：高等教育出版社，2015.